TÓPICOS DE
MODELAGEM MATEMÁTICA

Alfredo Braga Furtado

Manoel J.S. Neto

Alfredo Braga Furtado é doutor em Educação Matemática (Modelagem Matemática) pelo Instituto de Educação Matemática e Científica (IEMCI) da UFPA; possui mestrado em Informática pela PUC/RJ. Foi analista de sistemas da UFPA até 1995. É professor associado na Faculdade de Computação da UFPA. É escritor. Últimos livros publicados: *Casos e Percepções de um Professor* (2016); *Curso de Construção de Algoritmos (com Java)* [com Valmir Vasconcelos] (2015); *A Volta da Tartaruga Sapeca* (2015); *A Tartaruga Sapeca* (2012); *Prática de Análise e Projeto de Sistemas* [com Júlio V. da Costa Junior] (2010).

Manoel J. S. Neto é doutor em Ensino de Ciências pelo Instituto de Educação Matemática e Científica (IEMCI) da UFPA; é mestre em Física de altas energias pela Universidade Estadual de Campinas (UNICAMP); é bacharel em Engenharia Elétrica e em Física pela Universidade Federal do Pará (UFPA). Atualmente é Professor Associado na Faculdade de Física da UFPA, com 22 anos de experiência no ensino superior, dedicando-se ao estudo das metodologias do ensino de Física.

SOBRE A OBRA

Trata-se de uma obra destinada a quem a professores de Matemática e de Física interessados em novas abordagens para ensino das disciplinas. Tópicos abordados no livro: Modelagem Matemática (MM) e outras tendências da Educação Matemática; Aplicações da MM no Ensino; Tecnologias Educacionais; Tecnologias Digitais; MM e Avaliação de Aprendizagem; Experimentação com MM para o ensino de Física.

Printed in Brazil / Impresso no Brasil.
Editoração Eletrônica: José Maria Sales Cordeiro.
Capa: Manoel Januário da Silva Neto.
Revisão: Alfredo Braga Furtado; Manoel J. Silva Neto.

Furtado, Alfredo Braga, 1955-; Silva Neto, Manoel J.,
965-. Tópicos de Modelagem Matemática. Belém:
abfurtado.com.br, 2016. 212 p. 14,8 x 21 cm.
ISBN: 978-85-913473-4-6
    1. Matemática – Estudo e ensino. 2. Modelagem
    Matemática. 3. Estratégias de aprendizagem.
    I. Título.

                                   CDD – 510.07

Dedicatória – Alfredo Braga Furtado

Para Matheus Paes Furtado (*in memoriam*), meu pai;
Para Beatriz Braga Furtado, minha mãe;
Para Alfredo André e Fernando Allan, meus filhos;
Para Alice, a primeira neta;
Para ela, por tudo.

Dedicatória – Manoel J. Silva Neto

Para Iara Neves, minha esposa;
Para Ivone e Henrique, meus filhos.

Agradecimentos especiais

Ao nosso amigo e orientador, Professor Adilson Oliveira do Espírito Santo, que nos apoiou e nos incentivou em todos os momentos da realização do curso que desaguou neste livro. Sem sua orientação nem um nem outro seriam concretizados.

Há débitos que não conseguimos pagar. Este é um. Não vemos como possamos retribuir-lhe pelo que fez. Há outro reconhecimento que gostaríamos de expressar também: somos amigos do Professor Adilson há muitos anos, desde seu período de trabalho no ICEN/UFPA, mas a convivência mais próxima dos últimos seis anos no IEMCI/UFPA nos fez fortalecer ainda mais o apreço e a admiração pela sua inteligência, pela sua sabedoria, pelo seu conhecimento, pela sua humildade, pela sua serenidade, pelo seu companheirismo.

Expressamos também agradecimentos a todos que fazem o IEMCI (professores, secretários, bibliotecários, diretores, funcionários administrativos) por, como coisa natural, demonstrarem comprometimento com a excelência de seu trabalho.

Aos colegas do Grupo de Estudos em Modelagem Matemática (GEMM/IEMCI) pela contribuição que deram para as pesquisas que desaguaram nesta obra. Sem a colaboração e as críticas dos participantes do grupo em momentos decisivos da realização das pesquisas, esta obra não teria vindo à luz.

Gostaríamos de agradecer também ao Coordenador Geral do PARFOR-UFPA (Plano Nacional de Formação de Professores), Prof. Dr. Márcio Lima do Nascimento, e ao Coordenador do PARFOR – Curso de Licenciatura em Física – Faculdade de Física, Prof. Dr. João Furtado de Souza, por tornarem possível a impressão deste livro.

Por fim, gostaríamos de registrar agradecimentos aos nossos alunos do PARFOR (das disciplinas *Física Básica I, Física Básica III, Laboratório Básico I, Metodologia de Ensino de Física e Metodologia e Técnicas de Preparação de Trabalhos Científicos* – Manoel J. S. Neto; e das disciplinas *Didática Geral, Estrutura e Funcionamento da Educação Básica, Metodologia e Técnicas de Preparação de Trabalhos Científicos* – Alfredo B. Furtado), por, de alguma forma, terem contribuído com a elaboração da presente obra, seja dando a motivação para que a escrevêssemos, seja participando dos experimentos realizados e descritos na obra.

Alfredo Braga Furtado
Manoel J. Silva Neto

Prefácio

O presente livro é resultado de uma aproximação ocorrida há mais de cinco anos com a área de Educação Matemática, em especial com a Modelagem Matemática. Como oriundo da área de Computação e da área de Física, antes de empreender nova jornada, que me faria trilhar novos caminhos, sondei o terreno para avaliar se me sairia bem e se poderia fazer com que o percurso andado (longo caminho percorrido!) tivesse alguma utilidade. De toda forma, que seria desafiador, isto eu já sabia de antemão. A sondagem se deu com a participação, nas quintas-feiras, das reuniões do Grupo de Estudos em Modelagem Matemática (GEMM)[1] por mais de um ano.

Primeiramente, é forçoso dizer, tive boa acolhida pelo grupo, a despeito de vir de uma área tecnológica. Este período de estágio no grupo de pesquisa me permitiu buscar, disciplinadamente, a leitura das referências obrigatórias na área de Modelagem e da área de Educação.

As incumbências que a participação no grupo impõe exigiram que me debruçasse em cada tarefa com denodo. Por exemplo, eu fui incumbido da preparação de uma exposição sobre indução e dedução matemática. A segunda tarefa foi a preparação de um minicurso a ser ministrado em evento organizado pelo grupo de pesquisa, realizado em Marabá/PA no período de 26 a 28 de maio de 2010 (III Encontro Paraense de Modelagem Matemática – III EPAMM). Para este minicurso, me impus a elaboração de um texto em que trataria de Modelagem Matemática e Tecnologias de Informação e Comunicação. A decisão de ir além dos *slides* – com o texto elaborado – mostrou-se, depois, ter sido sábia. Afinal, seria minha primeira abordagem sobre Modelagem. Da mesma forma, eu tive oportunidade de buscar os trabalhos já realizados, que associavam os dois temas. Por fim, haveria de

---

[1] GEMM – Grupo pertencente ao Programa de Pós-graduação em Educação em Ciências e Matemáticas (PPGECM) do Instituto de Educação Matemática e Científica (IEMCI) da Universidade Federal do Pará.

escrever sobre as tecnologias digitais de forma bem abrangente, com a orientação para o emprego na área de Educação. Uma orientação intuitiva estava em curso: para dar na água, eu cavaria o mesmo buraco todo dia, como se faz para construir um poço.

Meses depois do evento, surpreendi-me com o número de cópias do *pdf* espalhadas pela Internet. Este documento já foi até debatido em pós-graduação no Rio Grande do Sul, para o qual fui entrevistado por e-mail pela mestranda expositora.

Durante o estágio no GEMM, constatei: o que eu havia feito a vida toda – modelagem de negócios – muito se assemelhava à Modelagem Matemática. Sim, porque o que fazemos quando desenvolvemos um programa de computador é elaborar um modelo representativo daquela área da empresa ou daquele negócio, com todas as limitações que um modelo carrega – simplificações, possíveis lacunas, elementos devidamente incluídos.

Com esta percepção, vi que não teria obstáculos intransponíveis com o trabalho com modelagem matemática. Isto se confirmou. Daí, segui adiante. Uma obstinação me movia – e quem quer avançar precisa possuí-la – não procrastinar nunca: o que precisa ser feito, que o seja logo, sem delongas.

Ao Manoel Neto, meu parceiro nesta jornada, coube, neste livro, escrever sobre a utilização da Modelagem Matemática no ensino de Física Experimental, especificamente para as aulas de laboratório de Física (Capítulo 8). Trata-se de proposta de ensino de Física extraída de sua tese de doutorado defendida no Programa de Pós-graduação em Educação em Ciências e Matemáticas (PPGECM) do Instituto de Educação Matemática e Científica da UFPA. Ele também revisou os capítulos do livro.

Os outros sete Capítulos foram extraídos da minha tese e também de excertos de artigos elaborados ao longo desta estimulante, profícua e feliz jornada.

Belém, sete de setembro de 2016.

Alfredo Braga Furtado

PREFÁCIO

SUMÁRIO

CAPÍTULO I: MODELAGEM MATEMÁTICA E OUTRAS PERSPECTIVAS DA EDUCAÇÃO MATEMÁTICA

A Educação Matemática é uma área de pesquisa que tem como objeto de estudo a compreensão, a interpretação e a descrição de fenômenos relacionados ao ensino e à aprendizagem da Matemática, abarcando todos os níveis da escolaridade, no que concerne à teoria e à prática (PAIS, 2008).

Esforços têm sido feitos no sentido de tornar os conhecimentos matemáticos mais acessíveis aos estudantes por meio da busca de renovação no ensino de Matemática. A consolidação das discussões sobre a Educação Matemática no Brasil se deu em 1988, com a fundação da Sociedade Brasileira de Educação Matemática – SBEM, entidade civil de caráter científico e cultural, que tem como objetivo congregar profissionais da área de Educação Matemática (Flemming *et. als*, 2005). Mais de dez linhas de pesquisa se encontram em desenvolvimento atualmente nos centros de investigação na área de Educação Matemática e constituem grupos de trabalho na SBEM. Dentre elas, a linha de pesquisa chamada Modelagem Matemática – sobre ela nos deteremos com mais vagar neste livro.

A Modelagem Matemática é uma estratégia de ensino de Matemática que tem como referenciais problemas da realidade. Por meio destes problemas, possibilita-se aproximação com outras áreas de conhecimento e oferece-se estímulo para trabalho em grupo, buscando garantir aprendizagem da Matemática com a solução de problemas associados a estas áreas.

As pesquisas realizadas na área da Educação Matemática ramificaram-se nas chamadas "Tendências da Educação Matemática". Dentre as principais tendências, além da Modelagem Matemática, podemos citar: Resolução de Problemas, Etnomatemática, História da Matemática, Educação Matemática Crítica, Jogos e Recreações, Tecnologia e Educação Matemática.

Identificar estas diferentes concepções como tendências não parece adequado já que nenhuma das abordagens esgota-se em si mesma, ou dispensa as demais. Trata-se aqui de escolher a palavra mais adequada para designar o que cada concepção representa, efetivamente. Neste Capítulo utilizaremos a palavra *perspectiva* para apresentar as abordagens, cada uma delas com suas ênfases, suas peculiaridades e seus propósitos.

Adiante comentaremos cada uma destas perspectivas com algum detalhe, começando com a Modelagem Matemática. Antes, repassamos problemas e desafios da área de Educação que justificam a investigação de perspectivas que os atenuem ou resolvam.

1.1 Desafios Atuais da Educação

Esta seção começa com a identificação de alguns desafios postos hoje para os profissionais de Educação. Depois, são mostrados alguns dados da realidade, obtidos de pesquisas oficiais, cuja leitura reforça a necessidade da busca de estratégias que atenuem sua criticalidade[2]. Em seguida, no que respeita ao ensino de Matemática, resultante de esforços de um grande grupo de pesquisadores, a Modelagem Matemática é apresentada como uma estratégia de ensino e de aprendizagem que pode contribuir para a melhoria daqueles resultados.

A chamada "era da informação" que hoje vivemos exige certamente mudança da vida social, em todos os âmbitos. A área de Educação não pode omitir-se desta exigência. A adoção das tecnologias digitais, na medida em que têm seus custos significativamente reduzidos, e, em consequência disso, sua disseminação torna-se viável, pode permitir melhorar a qualidade da Educação. Medições que comprovem isto ainda não foram feitas. E, mesmo, há críticos que apontam desempenho insatisfatório quando se pôde fazer alguma aferição de aprendizagem com o uso do computador (DWYER, WAINER *et als*, 2007)

O próprio papel dos professores sofre uma profunda influência neste contexto, pela possibilidade da onisciência das

---

[2] Às vezes, encontramos por aí a palavra "criticidade" com a acepção de criticalidade. Ocorre que "criticidade" não é palavra dicionarizada em Português.

tecnologias digitais, pela capacidade que o estudante tem de "encontrar, de tratar e de fornecer rapidamente informação (domínio da informação) ou a capacidade de resolver problemas" (LEPELTALK e VERLINDEN, 2005, p. 207). Isto possibilita a individualização da trajetória educacional, visto que o estudante, de posse dos recursos tecnológicos necessários, potencializa seus meios de aprendizagem, desenvolvendo novas competências.

Para que isto se cumpra, o professor precisa dominar os recursos tecnológicos, para explorar plenamente nas suas aulas as potencialidades da multimídia e possibilitar o acesso ao acervo disponível de conhecimentos, para auxiliá-lo no seu trabalho.

Na conjuntura atual, a educação assume papel decisivo na busca pelo crescimento econômico que assegure melhoria da qualidade de vida e consolidação da democracia. A realidade econômica é sensível, cada vez mais, a atributos educativos como visão de conjunto, autonomia, espírito empreendedor, capacidade de iniciativa, capacidade de resolução de problemas, flexibilidade. (DEMO, 2009a).

Assim, neste contexto, a educação deve assegurar "domínio dos códigos instrumentais da linguagem e da matemática...", para garantir as habilidades de pensamento analítico e abstrato, saber tratar situações novas e solucionar problemas, como também deve permitir desenvolver capacidade de liderança e comunicação, autonomia no trabalho (op. cit., p. 24). A educação deve desenvolver também atitude de pesquisa e capacidade de elaboração própria.

Já na educação básica deve-se desenvolver a "estratégia do aprender a aprender[3], saber pensar, compreender a realidade globalmente, avaliar processos sociais e produtivos, discutir e realizar qualidade da cidadania e produção" (DEMO, 2009a, p. 85),

---

[3] Sobre o "aprender a aprender", há críticos acerbos que apontam a tentativa de aproximar as ideias vygotskianas das ideias neoliberais. Duarte (2000, 2003) é um destes críticos. Ele afirma que o "aprender a aprender" leva à pedagogia que desvaloriza a transmissão do saber objetivo, diminui o papel da escola nesta tarefa, diminui a importância do professor e atende a proposta educacional que prega a formação de indivíduos que se adaptem

ao mesmo tempo em que se busca a "atualização constante". Há atualização frequente nos conteúdos com o avanço científico. Por isso, é tão importante a estratégia de aprender a aprender, aprender a pesquisar, aprender a elaborar, atitudes estas necessárias para a vida toda.

Portanto, o sistema educacional precisa organizar-se para garantir a aprendizagem permanente. A escola dedicada a transmitir informação, incentivar a retenção e a reprodução de informação não tem espaço na era digital. Posto que a informação esteja disponível e seja acessível a todos, são exigidos os seguintes saberes: saber processar, saber reconstruir, saber organizar, saber utilizar a informação de forma crítica e criativa, para resolver problemas complexos (GÓMEZ, 2013).

Gómez (2013) aponta três competências básicas, que são válidas para todos os estudantes: 1) a capacidade de utilizar com criatividade o conhecimento disponível, sem deixar de apreciá-lo criticamente, 2) a capacidade de colaborar e conviver em sociedades (mais e mais) heterogêneas, e 3) a capacidade de desenvolver-se autonomamente, ou seja, a capacidade (já referida) de "aprender a aprender".

Outro desafio posto para a Educação decorre do desenvolvimento tecnológico, propiciado, por exemplo, pela convergência tecnológica (Microeletrônica, Computação e Comunicação). As tecnologias digitais estão aí. Isto é realidade. Portanto, o desafio para os educadores é encontrar formas de aproveitá-la na educação convenientemente, para maximizar seus resultados, se possível.

Com relação ao impacto das tecnologias digitais na vida atual, Siqueira (2007) reconhece que elas possibilitaram aumento na produtividade, na difusão da cultura e na elevação da qualidade de vida. Ele destaca, em especial, o papel das tecnologias de

---

às atuais formas de trabalho flexível exigidas pelo mercado, caracterizadas pelo conhecimento técnico, sem necessidade de domínio de conhecimentos universais. Estes críticos ignoram as exigências do tempo presente, como se não houvesse a necessidade de habilitar os estudantes para a aprendizagem rápida de novos conhecimentos e por seus próprios meios.

comunicação na transformação do mundo e da sociedade ao longo da história.

Outro desafio posto para a Educação é a nova economia – a economia digital – que já se encontra consolidada. Esta economia caracteriza-se pela não escassez – diferentemente da economia tradicional. O conhecimento – produto básico da nova economia – quanto mais é usado, quanto mais se fazem análises, projeções e tendências, paradoxalmente, mais conhecimento é gerado. Daí a importância de se aprender a analisar, a refletir para assimilar, a relacionar, a criticar, para gerar conhecimento. Com a profusão de informações disponíveis na rede, mais valiosos são os conhecimentos que possibilitam destacar a informação relevante da dispensável. E as tecnologias digitais são fundamentais para alcançar este objetivo.

1.2 Realidade do Ensino de Matemática

Com regularidade a imprensa noticia dados de relatórios de instituições nacionais e internacionais, que apontam resultados insatisfatórios sobre a área de Educação. Como exemplo, citamos algumas destas manchetes:

1) "Por que somos tão ruins em Matemática?" (O Estado de São Paulo, 6/6/2011): a jornalista Ocimara Balmant noticia que o desempenho em Matemática dos estudantes na faixa de 15 anos no Programa Internacional de Avaliação de Alunos (PISA) colocaram o Brasil na 57ª posição em um ranking de 65 países;

2) "Só 17% terminam o fundamental com domínio da Matemática" (O GLOBO, 2/9/2012): com base em dados do INEP, os jornalistas Antônio Gois e Demétrio Weber noticiam que o percentual de estudantes com conhecimento considerado adequado em Matemática é de apenas 17% e em Língua Portuguesa, de 27%;

3) "Matemática e Ciências no País são piores do que na Etiópia", publicado no Estadão Conteúdo, a propósito de notícia da Revista Veja de 11/4/2013: relatório do Banco Mundial aponta o Brasil como ocupante da posição 132 entre 144 países avaliados no ensino de Matemática e Ciências. Quanto à situação do

sistema educacional, o País alcança a 116ª posição, atrás de Etiópia, Gana, Índia e Cazaquistão. Confrontando com o relatório de 2012, o País regrediu em relação às posições anteriores (que eram 127ª e 115ª posições, respectivamente).

Os exemplos de dados insatisfatórios divulgados são inúmeros, a despeito dos investimentos em Educação realizados pelo Governo Brasileiro.

Sobram mazelas para as várias instâncias envolvidas na Educação. Mesmo entre os professores, há aqueles que não prezam sua profissão. Werneck (2009) afirma que, às vezes, estabelece-se um pacto entre o professor e os estudantes: o professor finge que ensina e nada exige dos discentes; eles fingem que aprendem e nada falam. Mas, neste caso, se o professor exige grau de dificuldade incompatível com suas expectativas, os estudantes fingem-se de interessados, quebram o pacto – procuram a direção, reclamam do mau desempenho do professor e pedem que a escola melhore o nível de aprendizagem.

Os índices e as situações citadas exigem mudanças em vários níveis. Uma óbvia é na prática pedagógica adotada pelos professores. No que tange ao ensino de Matemática, registram-se esforços pela adoção de uma nova postura educacional que substitua o processo de ensino e de aprendizagem que se baseia na relação de causa e efeito (D'AMBROSIO, 2009a).

1.3 Modelagem Matemática: uma Sobrevista

Bassanezi (2009) afirma que o interesse pela Matemática se acentua por meio de estímulos externos, oriundos do "mundo real". Portanto, a matemática aplicada aí oferece um caminho natural para despertar o interesse do aluno, em contraposição a tratar dos vários assuntos exigidos nos vários níveis de ensino de forma desconectada da aplicabilidade prática. Na verdade, pretende-se fazer um retorno à sequência de passos como um teorema é formulado, normalmente partindo de uma aplicação (motivação), apresentando hipóteses, validando-as e depois finalizando com o enunciado do teorema. Portanto, busca-se o esquema *"aplicação '! demonstração '! enunciado"* ao invés do praticado nas salas de aula, que é como segue: *"enunciado '! demonstração '! aplicação"* (BASSANEZI, 2009, p. 36).

Desta forma, partindo de problemas da realidade, modelando-os adequadamente, pode-se transformá-los em problemas matemáticos, cujas soluções podem ser expressas na linguagem do mundo real (*op. cit.*).

Para ilustrar uma aplicação simples da Modelagem, utilizaremos um exemplo apresentado pelo Prof. Adilson do Espírito Santo em suas aulas no IEMCI/UFPA. O propósito é determinar o número de pedaços de uma barra de chocolate que se obtém com "n" quebras efetuadas. A Figura 1 mostra os passos que induzem a formulação do modelo matemático para tal problema: neste caso, o modelo é expresso por meio de uma fórmula matemática.

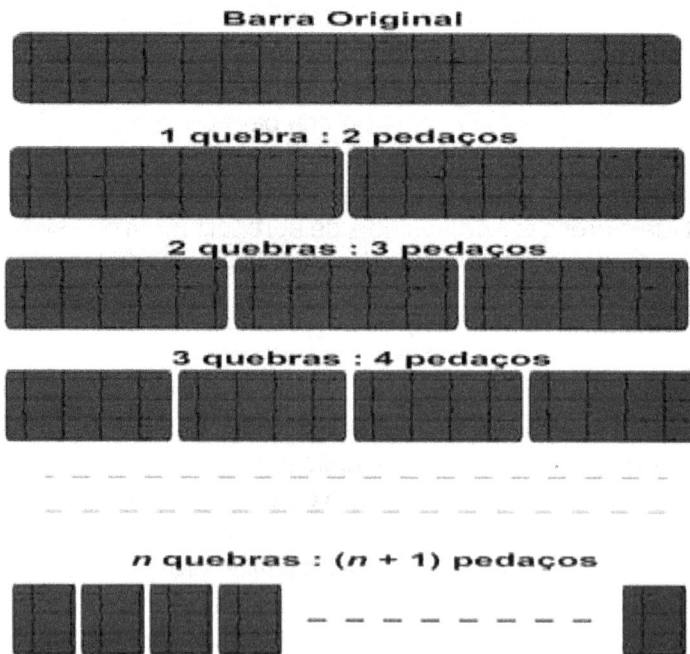

Barra Original

1 quebra : 2 pedaços

2 quebras : 3 pedaços

3 quebras : 4 pedaços

n **quebras : (*n* + 1) pedaços**

Como se trata de um problema simples, a experimentação e o registro das quebras efetuadas (Figura 1) já induzem a elaboração do modelo matemático. Neste caso, a fórmula *NúmeroDePedaços = NúmeroDeQuebras + 1*. Com a fórmula, qualquer que seja o número de quebras desejado, sabe-se o número de pedaços resultante, sem necessidade de tocar na barra de chocolate.

O processo de Modelagem Matemática desdobra-se em várias etapas, identificadas e descritas na Seção seguinte.

1.3.1 Etapas do Processo de Modelagem Matemática

Cinco etapas podem ser identificadas no processo de modelagem: Experimentação, Abstração, Resolução, Validação e Modificação. A Figura 2 mostra o processo de modelagem matemática, adaptado a partir de (BASSANEZI, 2009, p. 27). O conector com círculo preenchido sinaliza o início do processo; o alvo sinaliza fim do processo. Os passos são numerados de 1 a 5 (respectivamente, Experimentação, Abstração, Resolução, Validação e Modificação). Os retângulos com cantos arredondados representam a realidade que se deseja modelar e os modelos elaborados; são identificados com algarismos romanos no diagrama. O início do processo de modelagem ocorre com a identificação de um problema que se deseja modelar (problema não matemático).

a) Etapa de Experimentação: esta etapa consiste em obter dados sobre a realidade a ser modelada. As técnicas empregadas aqui são as usuais para coleta de informações: entrevistas, aplicação de questionários, observação (etnografia), pesquisa na Internet, leituras de livros e periódicos sobre o objeto de interesse. No início, quando não se tem ideia do que fazer, Bassanezi sugere que se conte ou meça – com os dados, monta-se uma tabela; isto talvez seja o início de tudo (*op. cit.*).

b) Etapa de Abstração: com base na coleta de dados realizada na etapa anterior, identificam-se as variáveis relevantes ao problema e descartam-se as julgadas irrelevantes. A abstração consiste em: 1) selecionar as variáveis que descrevem o sistema; 2) formular um problema na área em que se está trabalhando; 3) formular hipóteses que permitam deduzir manifestações empíricas específicas; a formulação de hipóteses se dá por observação dos fatos, por dedução lógica, a partir da experiência do modelador, a partir de casos da própria teoria; 4) simplificar o problema, restringindo as informações incorporadas ao modelo, para resultar em um problema matemático tratável. Esta etapa produz como resultado um modelo matemático (representado pelo item III), expresso por uma linguagem matemática que traduza as hipóteses formuladas em linguagem natural.

c) Etapa de Resolução: a resolução do modelo pode dar-se por meio de métodos computacionais que levem a soluções analíticas posteriores. Esta etapa produz como resultado o modelo proposto (representado pelo item IV - solução).

d) Etapa de Validação: consiste em testar o modelo proposto, com as hipóteses atribuídas, confrontando-o com os dados empíricos, obtidos do ambiente real. A interpretação de resultados obtidos por meio de gráficos facilita a validação do modelo e o seu aperfeiçoamento. A etapa de validação envolve a elaboração de dados experimentais a serem usados nos testes do modelo; da mesma forma, o resultado desta etapa pode determinar um retorno à etapa de Resolução para refazer a solução.

e) Etapa de Modificação: a análise dos dados experimentais pode determinar a modificação do modelo matemático, para adequá-lo a estes dados. Isto ocorre porque alguma hipótese pode ser falsa ou constitui simplificação excessiva ou ainda porque existem outras variáveis no ambiente que não foram consideradas no modelo proposto.

Como a Modelagem Matemática é um processo, é conveniente esta abordagem de apresentá-la em etapas padronizadas. Este é um caminho para conseguir domínio deste processo e poder aperfeiçoá-lo.

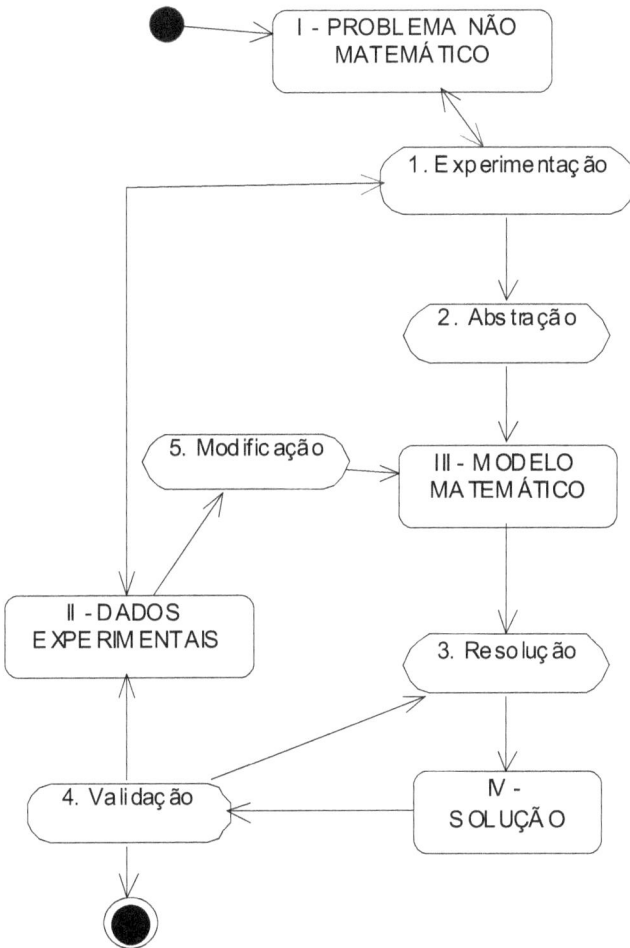

Figura 2. Etapas do Processo de Modelagem Matemática (adaptado de [BASSANEZI, 2009, p. 27]).

1.3.2 Aplicações da Modelagem Matemática

Duas aplicações principais podem ser consideradas para a Modelagem Matemática: como estratégia de ensino e de aprendizagem de Matemática e como método científico (*op. cit.*).

Nesta última utilização, Bassanezi menciona (dentre outras) que a Modelagem Matemática:

- pode estimular novas ideias e técnicas experimentais;
- pode dar informações em diferentes aspectos dos inicialmente previstos;
- pode ser um método para se fazer interpolações, extrapolações previsões;
- pode servir como recurso para melhor entendimento da realidade.

O primeiro uso citado (Modelagem Matemática como estratégia de ensino e aprendizagem) é o objeto de interesse principal deste minicurso. A propósito, Biembengut e Hein (2009) afirmam que a Modelagem no ensino pode ser uma forma de despertar o interesse dos estudantes por tópicos matemáticos que ainda desconhecem, além de aprenderem a modelar, matematicamente; com a aplicação da Modelagem, situações-problema são estudadas por meio de pesquisa, o que reforça o interesse e aguça o senso crítico dos estudantes.

Como estratégia de ensino, o emprego da Modelagem Matemática em cursos regulares precisa ser ajustado, para levar em conta, por exemplo, o conteúdo previsto, o tempo disponível para atividades extraclasse, e outras condições que o professor encontrar no seu ambiente de trabalho. Alguns obstáculos são identificados para aplicação da modelagem matemática em cursos regulares (BASSANEZI, 2009):

a) *Obstáculos para os estudantes*: no ensino tradicional o professor monopoliza as ações, cabendo ao aluno receber as instruções passivamente, prestando atenção e fazendo anotações; sua participação reduz-se a responder perguntas do professor ou a fazer exercícios em que é chamado a reproduzir o que ouviu. No processo de Modelagem Matemática a participação do aluno é decisiva para a aprendizagem; ao professor cabe orientar, esclarecer dúvidas existentes, coordenar as ações, prover meios para que a aprendizagem ocorra. A apatia do estudante e sua não adesão ao processo podem constituir-se em obstáculo a superar. Barbosa (1999) afirma que é compreensível esta atitude inicial, em face da tradição escolar de passividade diante do conhecimento.

b) *Obstáculos instrucionais*: como há um programa extenso a ser cumprido, e como o processo de modelagem caminha mais lentamente do que no ensino tradicional, ocorre de o conteúdo previsto não ser abordado. Além disso, de parte do professor, há exigências de envolvimento com outras áreas, cabendo-lhe domínio de conhecimento que provavelmente não possua. Portanto, os professores saem de uma "zona de conforto" que o ensino tradicional lhes assegura para uma "zona de risco", em que vai enfrentar situações embaraçosas e dizer com mais frequência "não sei" e em que vai buscar respostas juntamente com seus alunos (PENTEADO *apud* BORBA & MALHEIROS, 2007).

c) *Obstáculos para os professores*: a já citada saída da "zona de conforto" para "zona de risco" é um obstáculo a enfrentar; a preocupação com o tempo necessário para preparar as aulas e com a possibilidade de não conseguir cumprir o conteúdo do curso integralmente. Em pesquisa realizada com professores, Barbosa (1999) identifica como origem de possíveis dificuldades dos professores com a Modelagem Matemática o fato de as próprias Licenciaturas não abordarem esta temática.

Em face destes obstáculos, o ensino tradicional prevalece, com caráter fortemente instrucionista, conteúdos totalmente descontextualizados da vida do estudante, nenhuma criatividade nas abordagens que possa motivar maior interesse dos discentes. A propósito, jocosamente, Hamilton Werneck *apud* (DEMO, 2006) afirma, diante deste quadro que "o ato mais criativo na sala de aula é a cola".

Reconhecem-se como pontos importantes para a aprendizagem adequada os seguintes (DEMO, 2008a), todos eles ingredientes encontrados na modelagem matemática vista como estratégia de ensino:

a) *Autoria*: quando se busca fazer a Modelagem Matemática como processo, há um trabalho de autoria, que não se resume em reproduzir conhecimento, mas de reconstruí-lo, tendo em conta a realidade retratada;

b) *Pesquisa*: dado que os problemas são buscados na realidade, há necessidade de coletar dados sobre ela em todas as fontes disponíveis; é inevitável familiarizar-se com a área de conhecimento em questão. E mais: buscar identificar o que é relevante e o que deve ser descartado desta realidade. Como se busca produzir um modelo – que é, afinal, uma simplificação desta realidade – os aspectos considerados irrelevantes devem ser deixados de lado pelo modelador.

c) *Elaboração*: a capacidade de produzir o modelo envolve etapas que vão da coleta de dados, exercício da abstração, resolução numérica e analítica do problema, validação da solução proposta e, dependendo dos testes realizados com dados experimentais e com a própria realidade retratada, ajustar o modelo proposto com possíveis simplificações ou acréscimos de variáveis, até a finalização do processo. Isto possibilita considerável capacidade de elaboração para o modelador.

d) *Leitura Sistemática*: é pressuposto do processo de modelagem a obtenção de dados sobre a realidade a ser retratada e o domínio do conhecimento sobre ela; isto pode ser feito por meio de técnicas de coleta como entrevistas, questionários, observação (etnografia), e, também, fundamentalmente, por meio de leitura sobre a área em questão, de modo a obter o embasamento necessário para produção do modelo requerido.

e) *Argumentação e Contra-argumentação*: hipóteses vão ser sugeridas e descartadas; a capacidade de argumentar e contra-argumentar são exercitadas em todo momento.

f) *Fundamentação:* nenhuma hipótese elencada para formulação do modelo é definitiva; ao sugerir, cabe ao modelador fundamentá-la adequadamente para ser acatada.

g) *Aprendizagem como Hábito*: o processo de modelagem pressupõe multidisciplinaridade (BASSANEZI, 2009): é inevitável a exigência de aprendizagem permanente, pois os problemas que se apresentam na prática não são estanques e o inter-relacionamento de disciplinas é real. Daí que a aprendizagem deve constituir-se hábito para o modelador.

Portanto, aplicar a Modelagem Matemática como estratégia de ensino e de aprendizagem possibilita todos estes aspectos fortalecedores da assimilação de conhecimentos, em que o modelador mais facilmente se motiva pelo envolvimento e pela participação, ao contrário de receber um conteúdo de forma passiva, sem ser instado a elaborar sobre ele, a reconstruí-lo, a interpretá-lo, individual e coletivamente.

Estes sete pontos serão também serão utilizados para analisar as outras perspectivas da Educação Matemática, descritas na próxima Seção.

1.4 Outras Perspectivas da Educação Matemática

Para contrapor aos resultados insatisfatórios citados na Seção 1.2, pesquisas têm sido conduzidas com vista a oferecer alternativas que melhorem o desempenho dos educandos. Como afirmado, as pesquisas realizadas na área da Educação Matemática ramificaram-se nas chamadas "Tendências da Educação Matemática". Dentre as principais, foram citadas: Resolução de Problemas, Modelagem Matemática, Etnomatemática, História da Matemática, Educação Matemática Crítica, Jogos e Recreações, Tecnologia e Educação Matemática.

Fiorentini (1995), com base na evolução histórica dos modos de ensinar Matemática, identificou seis categorias: tendência empírico-ativista, tendência formalista-moderna, tendência tecnicista, tendência construtivista, tendência histórico-crítica e tendência sócioetnocultural.

A tendência empírico-ativista (década de 1930 – nascimento da Escola Nova) emprega atividades experimentais, resolução de problemas e o método científico, defendendo que o aluno aprende fazendo.

A tendência formalista-moderna (década de 1960 – movimento chamado Matemática Moderna, cuja abordagem era orientada para o desenvolvimento da abstração, com ênfase acentuada mais na teoria do que na prática) enfatiza o uso da linguagem, do rigor e das justificativas; distancia-se das aplicações práticas e centraliza o ensino no professor.

A tendência tecnicista (década de 1970) apresenta os conteúdos como instrução programada; as técnicas de ensino e os recursos passam a centralizar o processo de ensino e de aprendizagem; professores e alunos passam a ser meros coadjutores do processo desenvolvido por especialistas.

A tendência construtivista (década de 1960) defende que o conhecimento matemático resulta da ação interativa-reflexiva do educando com o meio ambiente, com destaque para o "aprender a aprender" e o desenvolvimento lógico-formal.

A tendência histórico-crítica (década de 1960) aborda a aprendizagem significativa, com a associação pelo educando de sentido e significado às ideias matemáticas, o que lhe possibilita relacionar, analisar, justificar, criar.

A tendência sócioetnocultural (fim dos anos 1970) vale-se de uma visão antropológica, social e política da Matemática, em que problemas do cotidiano de grupos culturais são trazidos para a sala de aula e constituem objeto de trabalho.

Reforçamos que nosso interesse, nesta Seção, é analisar as perspectivas do ponto de vista do que oferecem à aprendizagem dos educandos.

Esta seção está organizada da seguinte forma: inicialmente, apresentaremos um resumo de cada perspectiva, destacando características, processo, formas de aplicação em sala de aula, aspectos que potencializem o aprendizado pelos educandos e que facilitem o ensino por parte dos educadores. As características de cada perspectiva foram extraídas de livros e artigos sobre cada uma delas; a partir deste levantamento inicial, as coincidências, as discrepâncias foram percebidas. Tomam-se também como ponto de partida para análise das perspectivas, elementos identificados como imprescindíveis na educação moderna. São eles (descritos adiante): autoria, pesquisa, elaboração, leitura, argumentação e contra-argumentação, fortalecer a aprendizagem como hábito. Por fim, tecemos considerações comparativas sobre as perspectivas, identificando similaridades, discrepâncias, lacunas, potencialidades. Para efeito de síntese, quadros comparativos são apresentados no fim do Capítulo.

Reconhecem-se como pontos importantes para a aprendizagem os sete seguintes (DEMO, 2008a) (estes pontos foram tomados como categorias para efeito de comparação das diversas perspectivas; na apresentação inicial da Modelagem Matemática estes pontos também foram tomados para análise):

a) *Autoria*: em que o estudante se torna autor, reconstruindo conhecimento, quando elabora projetos, quando escreve artigos, quando prepara um relatório;

b) *Pesquisa*: em busca de conhecimento que possibilite a elaboração de projetos, construção de modelos, escrita de artigos, preparação de relatórios, pesquisa bibliográfica, documental, laboratorial e execução de experiências precisam ser feitas;

c) *Elaboração*: a preparação dos artefatos mencionados nos tópicos anteriores é importante instrumento de aprendizagem dos educandos;

d) *Leitura*: como concretizar os três itens anteriores (tornar-se autor, fazer pesquisa, elaborar artefatos) sem leitura?

e) *Argumentação e contra-argumentação*: os projetos, os modelos, os artigos, os relatórios serão apresentados e precisam ser defendidos: os argumentos em sua defesa precisam ser preparados, o discurso precisa ser elaborado com o conhecimento que o embasa organizado; da mesma forma, quando cabível, contra-argumentação precisa ser apresentada de forma ágil, precisa, em defesa do projeto, do modelo, do artigo, do relatório;

f) *Fundamentação*: para elaborar, para criar, para escrever, para argumentar e para contra-argumentar, é necessário oferecer sólida fundamentação ao projeto, ao modelo, ao artigo, ao relatório;

g) *Dedicação sistemática*: os cinco elementos anteriores devem levar a que a aprendizagem torne-se hábito para a vida toda do educando: sua dedicação deve ter a força de um hábito.

1.4.1 Resolução de Problemas

Esta perspectiva da Educação Matemática explora a resolução de problemas pelos estudantes. Isto exige que eles obtenham informações sobre o problema, para compreendê-lo. É provável que utilizem novos conceitos. Precisam estabelecer um plano de ação e executá-lo para obter a solução desejada. Por fim, avaliam se a solução é satisfatória; se não for, identifiquem o que precisa ser refeito, até obter a solução esperada. Criatividade, análise crítica, tomada de decisão, planejamento, execução e avaliação são habilidades exigidas nesta abordagem.

Experiências de aprendizagem com ênfase na resolução de problemas já eram realizadas em 1896 por John Dewey, que propunha que a orientação pedagógica fosse realizada por meio da concretização de projetos (PALMER, 2005). No âmbito da Educação Matemática, sua utilização busca contrapor-se ao ensino centrado em exercícios e memorização e, no Brasil, os estudos envolvendo sua utilização datam da segunda metade da década de 1980 (ZORZAN, 2007).

Um autor importante nesta abordagem é George Polya que, com sua obra *How to solve it*, publicada em agosto de 1944, embasou muitas pesquisas nesta área. Segundo a proposta de Polya, a resolução de um problema é dada pela execução de quatro fases: a primeira – *Compreensão do problema* – busca compreender todos os aspectos relevantes ao problema em questão; a segunda, *Elaboração de um plano de trabalho*, na medida em que todos os elementos inter-relacionados tenham sido identificados e compreendidos, e a conexão entre a incógnita e os dados é percebida, o plano pode ser produzido; a terceira, a *Execução do plano proposto*; e a última, a *Avaliação da solução obtida*, que consiste em rever a discutir a solução.

Polya (1995, p. XII) apresenta um roteiro detalhado com questões e orientações para cada uma das fases. Por exemplo, as questões da fase 1 – compreensão do problema – são:

"Qual é a incógnita? Quais são os dados? Qual é a condicionante? É possível satisfazer a condicionante? A condicionante é suficiente para determinar a incógnita? Ou é insuficiente? Ou redundante? Ou contraditória? Trace uma figura. Adote uma notação adequada. Separe as diversas partes da condicionante. É possível anotá-las?".

Na fase 2 – *Estabelecimento de um plano* – Polya questiona se já vimos o problema antes, se o mesmo problema já foi exposto sob uma forma ligeiramente diferente. Ele acrescenta (p. XII): "Conhece um problema correlato? Conhece um problema que lhe poderia ser útil? Considere a incógnita! E procure pensar num problema conhecido que tenha a mesma incógnita ou outra semelhante".

Na fase 3 – *Execução do Plano* – ele sugere que se verifique cada passo e questiona: "É possível verificar claramente que o passo está correto? É possível demonstrar que ele está correto?".

Na fase 4 – *Retrospecto* – em que se examina a solução obtida, as seguintes perguntas podem ser feitas:

É possível verificar o resultado? É possível verificar o argumento? É possível chegar ao resultado por um caminho diferente? É possível perceber isto num relance? É possível utilizar o resultado, ou o método, em algum outro problema?

Portanto, nesta perspectiva, o educador propõe problemas que exijam investigação e exploração de novos conceitos. Os problemas propostos podem envolver outras áreas de conhecimento, o que torna as aulas mais interessantes.

É conveniente que os problemas exijam raciocínio criativo, e não se restrinjam a atividades repetitivas, seguindo modelos predeterminados, o que leva a desinteresse da turma. A capacidade de enfrentar situações inesperadas exige que os estudantes aprendam novos conhecimentos e desenvolvam novas habilidades. Desta forma, a perspectiva faz com que os estudantes exercitem o "aprender a aprender". A habilidade para resolver problemas é importante para a vida do estudante (e não é algo aplicável só no ensino de Matemática), daí porque esta perspectiva deve ser incentivada na educação, de modo geral.

No que tange à Educação Matemática, a resolução de problemas possibilita que o educando assimile conhecimento matemático tendo em vista a solução de problemas do seu próprio cotidiano. A exigência de participação do educando em todas as etapas do processo de solução de problemas melhora significativamente seu desempenho. No que toca ao educador, é exigido seu envolvimento também em todas as etapas do processo, criando um ambiente estimulante para os educandos.

1.4.2 Etnomatemática

Ubiratan D'Ambrosio, um dos fundadores desta perspectiva da Educação Matemática, define a Etnomatemática já no título de um de seus livros[4] como "elo entre as tradições e a modernidade". No livro ele desenvolve esta ideia do elo e também a de que a Matemática é nada mais que uma forma de Etnomatemática.

A palavra "etnomatemática", proposta por Ubiratan D'Ambrosio (2009b) para designar esta perspectiva, compõe-se da aglutinação das seguintes raízes: *etno*, *matema* e *tica; etno* designa o ambiente natural, social, cultural da realidade; *matema* significa explicar, aprender, conhecer, lidar com; e *tica* designa modos, estilos, artes, técnicas. Portanto, a palavra *etnomatemática* expressa que há várias maneiras, técnicas, habilidades de explicar, de entender, de lidar com distintos contextos naturais e socioeconômicos da realidade.

A Etnomatemática trabalha com uma "concepção multicultural e holística da educação" (D'Ambrosio, 2009b, p. 45) e dá destaque para o saber matemático subjacente no cotidiano de grupos culturais, como classes profissionais, comunidades urbanas e rurais, sociedades indígenas. Estes grupos caracterizam-se por possuir identidade própria e expressar conhecimento matemático.

---

[4] D´Ambrosio, Ubiratan. *Etnomatemática – Elo entre as Tradições e a Modernidade*. 5ª ed. Belo Horizonte: Autêntica, 2007. (Coleção Tendências em Educação Matemática).

D'Ambrosio (2009b) acentua que, a todo instante, na execução de suas atividades cotidianas, os indivíduos comparam, classificam, medem, explicam, generalizam, inferem e, de algum modo, avaliam, usando os instrumentos materiais e intelectuais próprios da sua cultura.

D'Ambrosio (2009b) aponta a Etnomatemática como uma subárea da História da Matemática e da Educação Matemática, relacionando-a também com a Antropologia e as Ciências da Cognição. Ele reforça a posição de que a Etnomatemática é um programa de pesquisa em história e filosofia da matemática, com acentuada preocupação pedagógica. Ele afirma em mais de um ponto de seu livro que "Etnomatemática não é apenas o estudo de matemáticas de diversas etnias" (*op. cit.*, p. 63, p. 70)

Um importante componente destacado por D'Ambrosio (2009b) é que a Etnomatemática possibilita uma visão crítica da realidade, com o emprego de instrumentos de natureza matemática.

Para identificar a matemática existente nos grupos culturais, utiliza-se a etnografia (técnica oriunda da antropologia), que adota uma imersão do pesquisador no grupo cultural estudado, para recolher os elementos matemáticos presentes no seu cotidiano, em particular o conhecimento que não é explicitado (este conhecimento é chamado de tácito, e é subjetivo, resultante de experiências e inerente às habilidades da pessoa).

Com respeito aos conteúdos dos currículos, D'Ambrosio (2009b, p. 43) não descarta a matemática acadêmica, mas sugere a exclusão do que seja "desinteressante, obsoleto e inútil".

O trabalho em sala de aula com a Etnomatemática não é tarefa fácil pela dificuldade de buscar a Matemática praticada por um dado grupo cultural: a necessidade da imersão (tarefa demorada) no grupo para permitir isto.

1.4.3 História da Matemática

Esta perspectiva da Educação Matemática leva em conta que a História pode constituir-se em instrumento valioso de ensino e de aprendizagem da Matemática, por possibilitar "compreender a origem das ideias que deram forma à cultura e observar também os aspectos humanos do seu desenvolvimento" (SIQUEIRA, R., 2007, p. 25). A partir da História da Matemática, pode-se construir historicamente o conhecimento matemático, enfatizando as barreiras epistemológicas próprias do conceito em estudo. Além disso, o caráter dinâmico do conhecimento matemático é reforçado. Pode proporcionar uma visão crítica e reflexiva da Matemática, com implicações na Ciência, na Tecnologia e na Sociedade (SIQUEIRA, R., 2007).

A busca pela origem de dado conceito ou método pode possibilitar que o educando faça conexões entre conhecimentos, passando a "compreender melhor as dificuldades do homem na elaboração das ideias matemáticas. Dessa forma, a História da Matemática poderá proporcionar ao educando uma visão dinâmica da Evolução da Matemática na Ciência, na Tecnologia e na Sociedade" (SIQUEIRA, R., 2007, p. 27).

A adoção desta perspectiva em sala de aula pode ser feita mediante a indicação de conceitos a serem estudados e pesquisados pelos educandos. O educador atuaria como orientador das atividades, sugerindo meios de obtenção de informações (consulta bibliográfica, consulta documental, internet, filmes, e outros), de modo que os contextos histórico, social e cultural associados ao conceito pesquisado sejam identificados.

1.4.4 Educação Matemática Crítica

A Educação Matemática Crítica enfatiza os aspectos políticos da Educação Matemática praticada. Perguntas básicas nesta perspectiva: para quem a Educação Matemática deve estar voltada? A quem interessa? (FLEMMING et als, 2005).

A Educação Matemática Crítica auxilia na compreensão da realidade. Pode influenciar e despertar a formação de cidadãos críticos, mais aptos a questionar injustiças e mais conscientes de seu papel na construção de uma sociedade mais democrática e mais justa.

Skovsmose (2001) relaciona alguns pontos fundamentais da Educação Matemática Crítica: 1) a relação entre professor e estudantes deve ser de parceiros, de iguais; não é aceitável que o papel do professor seja só prescritivo; o processo educacional é visto como um diálogo, atribuindo-se a professores e estudantes competência crítica que, da parte dos discentes não lhes pode ser imposta, mas desenvolvida com base na capacidade existente; 2) consideração crítica de conteúdos (aplicabilidade do assunto, relevância por trás do assunto, pressupostos, funções sociais do assunto, limitações do assunto); 3) processo educacional relacionado a problemas fora do universo educacional.

1.4.5 Jogos e Recreações

Os jogos e as recreações propiciam a criação de um ambiente de aprendizagem que desenvolve a criatividade do educando. Os jogos (aqui não são os *games*) são atividades físicas ou mentais (lúdicas), organizadas de maneira que ocorra vitória e derrota; instala um espírito de equipe e de competição saudável que, se bem conduzido, pode estimular a busca da aprendizagem.

Um exemplo de jogo é a gincana: trata-se de um jogo com regras definidas, em que sai um vencedor e um perdedor, de acordo com o que for proposto. Pode envolver tarefas as mais diversas, desde seção de perguntas e respostas sobre um tema determinado ou sobre tema livre, solução de problemas, arrecadação de alimentos/produtos para algum fim específico.

Uma Gincana de Matemática consiste em apresentar para grupos de estudantes uma lista de problemas; o grupo que resolver o maior número de problemas em determinado tempo é o grupo vencedor.

Os g*ames* (jogos, em inglês) são recursos facilitadores da aprendizagem, podendo constituir-se em estratégia de ensino adotada pelos professores. Podem ser presenciais ou virtuais, com ou sem a mediação feita por programas de computador, ou simplesmente pelo computador.

O *videogame* ou *game* (jogo) é um jogo eletrônico no qual o jogador interage com imagens exibidas em um televisor ou monitor; a palavra *videogame* designa o console onde o jogo é processado.

Há ainda outra categoria de programa de computador (cada vez mais usado) que é preciso mencionar aqui: os simuladores virtuais. Os mais conhecidos são os utilizados para treinamento de pilotos de avião, em que condições de voo adversas ou críticas são aplicadas, de modo que o piloto aplique os conhecimentos e as técnicas aprendidas teoricamente.

Na área de Educação, simuladores específicos podem ser desenvolvidos, para explorar conceitos de difícil (ou cara) concretização em laboratório. Nestes casos, a utilização dos simuladores virtuais poderia preceder o acesso aos laboratórios reais, com redução de consumo de material, mas com possibilidade de garantia de aprendizagem.

Um simulador muito popular é o *SimCity* que possibilita projetar uma cidade complexa e fazer sua gestão pública, com funções de planejamento, aplicação de leis de trânsito, conflitos sociais e desastres naturais.

1.4.6 Tecnologia e Educação Matemática

Quando se fala em Tecnologia Educacional, pensa-se logo na tecnologia mais moderna, com utilização de computador com recurso de projeção 3D de última geração, acessível para poucos.

É importante ressaltar desde logo que a tecnologia (qualquer) é um meio, e não um fim em si próprio. Ela não garante automaticamente a aprendizagem. Leite *et als (*2003, p. 8) afirmam que "a simples presença da tecnologia na sala de aula não garante qualidade nem dinamismo à prática pedagógica".

Tecnologia não é panaceia. Cabe, sempre, estudá-la adequadamente para avaliar sua adequação ao fim pretendido. A consciência da utilização da tecnologia educacional (por que e para que utilizá-la), o domínio do conhecimento técnico associado a ela (para utilizá-la de acordo com suas características) e o conhecimento pedagógico (como integrá-la ao processo educativo) são pontos fundamentais a serem considerados antes do seu emprego (LEITE *et als*, 2003).

A decisão política de aquisição de uma tecnologia sem a participação do professor tem-se mostrado inadequada, pois, afinal, o professor precisa modificar suas práticas pedagógicas para incorporá-la ao processo educativo.

É consenso a importância que as Tecnologias Digitais exercem na sociedade moderna, afetando positivamente governos e empresas de modo geral, no sentido de alcance de seus objetivos. Como tal, a área de Educação não pode ignorar este fato, já que lhe cabe preparar o cidadão para sua inserção produtiva na sociedade. A questão que se coloca é em que medida e como a Educação pode apropriar-se do recurso tecnológico, fazendo com que a Tecnologia seja uma aliada ao ensino e garantidora de maior aprendizagem por parte dos estudantes.

Uma característica do desenvolvimento tecnológico mundial é a disponibilização de produtos diferentes, buscando-se atingir nichos particulares de clientes, com o lançamento de produtos novos, em períodos de tempo cada vez mais curtos. De certa forma, a obsolescência dos artefatos tecnológicos é programada: os clientes não conseguem acompanhar a evolução dos produtos. É uma corrida perdida esta a da atualização tecnológica, mas inevitável de ser buscada pelos diferentes agentes da sociedade.

Por outro lado, há duas questões a considerar sobre a atualização tecnológica: o preço de lançamento de produtos, em geral alto, mas com perspectiva de redução com o aumento das vendas e com o lançamento de novas versões dos artefatos; outra questão é a necessidade de conhecimentos específicos para a disseminação com vista à utilização da nova tecnologia (KENSKI, 2007).

Para dar conta das exigências da atualização tecnológica, é necessário que a aprendizagem seja permanente. A cada nova tecnologia lançada, novas exigências de aprendizado são impostas para sua assimilação e utilização. Este processo é inevitável, inescapável, contínuo. Ninguém pode deitar-se sobre um conhecimento tecnológico e achar que vai permanecer com ele sequer por um lustre.

Carr (2003), em ensaio publicado na revista *Harvard Business Review*, artigo intitulado *IT Doesn´t Matter ("TI não importa mais")*, afirma que Tecnologia de Informação (TI) se tornou *commodity* (mercadoria) como eletricidade ou qualquer outra utilidade. Como seu uso se generalizou (em decorrência, principalmente, de preços acessíveis), deixou de ter importância estratégica e de constituir agente diferenciador para as organizações. Este artigo foi expandido no livro *Será que TI é tudo? Repensando o papel da tecnologia da informação*, em que Carr (2009) detalha sua análise e aprecia a crítica gerada a partir do artigo.

Seguindo a mesma linha de pensamento, pode-se falar também que o conteúdo dos programas escolares se tornou menos relevante em face das Tecnologias Digitais. Podem-se fazer buscas na internet, a rigor, sobre qualquer assunto, com chance de localizar variadas fontes, a despeito da inevitável necessidade de capacidade de saber separar "o joio do trigo", ou seja, saber identificar as fontes idôneas, confiáveis, das que não são. Pois, uma coisa é ser capaz de "encontrar" um "fato" por meio de um engenho de busca (como o Google); outra coisa muito diferente é encontrar os "fatos" mais relevantes, analisá-los e determinar sua relevância para cumprir dada tarefa, sintetizar sua importância e compartilhar os resultados com outros. No primeiro caso, demonstra-se familiaridade com dada ferramenta, no segundo, ocorre aprendizado de fato (TRUCANO, 2013).

Entretanto, o acesso ao conteúdo não é suficiente se não houver a capacidade de análise, de crítica, de argumentação e de contra-argumentação, de colaboração com outros, de elaboração própria, como ressaltado.

Com respeito ao caráter transformador das Tecnologias Digitais, Sancho *et als* (2006, p. 16-17) aponta três efeitos que ocorrem invariavelmente: 1) "alteram a estrutura de interesses (as coisas em que pensamos)", impactando, consequente-mente, a avaliação do que relevamos como importante, prioritário, ou obsoleto; 2) "mudam o caráter dos símbolos (as coisas com as quais pensamos)", pois quando fazemos operações simples pela primeira vez vamos mudando a estrutura psicológica do processo de memória, ampliando-a; isto ocorreu com "o desenvolvimento dos sistemas de escrita, numeração, etc.", permitindo incorporar estímulos artificiais ou autogerados; as Tecnologias Digitais ampliaram "este repertório de signos" e "também os sistemas de armazenamento, gestão e acesso à informação", aumentando o conhecimento público; 3) "modificam a natureza da comunidade (a área em que se desenvolve o pensamento)", pois, para muitos esta área é o ciberespaço, o mundo conhecido e o virtual, mesmo que as pessoas não saiam de casa e não tenham relacionamentos físicos com ninguém.

As principais potencialidades das Tecnologias Digitais são a capacidade de realizar simulações, a criação de realidades virtuais, as facilidades de comunicação, inclusive, com a possibilidade de telepresença, viabilizando a concretização de projetos cooperativos entre pessoas participando de locais diferentes, mesmo países e continentes diferentes. Estas potencialidades quando exploradas satisfatoriamente podem servir de base para um novo momento no processo educativo. Desta forma,

> o fluxo de interações nas redes e a construção, a troca e o uso colaborativos de informações mostram a necessidade de construção de novas estruturas educacionais que não sejam apenas a formação fechada, hierárquica e em massa como a que está estabelecida nos sistemas educacionais. (KENSKI, 2007, p. 48).

As novas tecnologias digitais também modificam a relação entre mestres e estudantes, concedendo mais protagonismo aos educandos (COSTA, 2013).

Para explorar adequadamente estas potencialidades, uma metodologia de ensino diferente daquela que tem sua base no livro-texto e em anotações é exigida. Area (2007, p. 168) assevera que

> a inovação tecnológica, se não é acompanhada pela inovação pedagógica e por um projeto

educativo, representará uma mera mudança superficial dos recursos escolares, mas não alterará substancialmente a natureza das práticas culturais nas escolas. O importante, por conseguinte, não é encher as aulas de novos aparelhos, mas transformar as formas e conteúdos do que se ensina e aprende. É dotar de novo sentido e significado pedagógico a educação oferecida nas escolas.

A inovação pedagógica defendida por Area (2007) pressupõe rever as práticas adotadas para acomodar o uso da tecnologia, de modo que se assegure ganho de aprendizagem, em especial por favorecer-se da motivação do estudante que o uso de recurso tecnológico normalmente proporciona. Novas tecnologias exigem novas pedagogias, pedagogias apropriadas.

As potencialidades das Tecnologias Digitais citadas podem favorecer o desenvolvimento das habilidades cognitivas dos educandos. Dentre as metas de aprendizagem que se busca alcançar, mesmo sem recursos tecnológicos, as seguintes são relacionadas, mas, é oportuno ressaltar, com o uso das Tecnologias Digitais elas são potencializadas (Siqueira, E., 2007, p. 186):

> *Habilidades de processamento da informação*: localizar e coletar informação relevante, ordenar, classificar, sequenciar, comparar e contrastar, analisar relações tipo parte/todo.
>
> *Habilidades de raciocínio*: poder explicar as razões de suas opiniões e ações, tirar inferências e fazer deduções, usar linguagem precisa para justificar seu pensamento e fazer julgamentos apoiados em evidências e justificativas.
>
> *Habilidades de inquirição*: saber fazer perguntas relevantes, colocar e definir problemas, planejar procedimentos e investigações, prever possíveis resultados e antecipar consequências, testar conclusões e aperfeiçoar ideias.

Habilidades de pensamento criativo: gerar e estender ideias, sugerir hipóteses, aplicar a imaginação e procurar resultados inovadores alternativos.

Habilidades avaliativas: saber avaliar informação e julgar o valor do que lê, escuta e faz; desenvolver critérios para a apreciação crítica de seu próprio trabalho e de outros e ter confiança nos seus julgamentos.

Podemos acrescentar à lista de habilidades de processamento da informação acima a descoberta de generalizações/ especializações pertinentes à área de conhecimento em estudo. Esta lista apresenta a localização e a coleta de informação relevante: os critérios para a identificação de fontes e informações relevantes são instrumentos valiosos que o educador deve buscar aguçar nos educandos. Como afirmado, com a internet (e com as tecnologias digitais, de modo geral), conteúdo tornou-se *commodity* (mercadoria) disponível gratuitamente. A questão persistente é a exigência de capacidade de descobrir fontes seguras e informações relevantes. Partindo deste manancial enorme de conhecimento, pode-se desenvolver a capacidade de elaboração própria de conteúdo, explorando múltiplas formas de expressão (palavra, imagem, hipertexto, som).

O conjunto de habilidades acima constitui um receituário a ser exercitado pelos educandos no desenvolvimento de suas atividades escolares e acadêmicas e, como já posto, necessárias para dar conta das três competências apontadas por Gómez (2013) e mencionadas no Capítulo anterior, em especial, o "aprender a aprender".

Em vista da disponibilidade inevitável da tecnologia na vida atual e, o que é previsível é que isto seja mais forte até doravante, dever-se-ia acrescentar ainda as seguintes habilidades: capacidade de assimilar, de disseminar e de avaliar recursos tecnológicos em busca de aplicá-los nas atividades normais, para redução de tempo de execução de tarefas ou para economia de quaisquer recursos envolvidos.

Sem falar do preço atrativo, uma característica predominante da tecnologia é a facilidade de uso, com a disponibilidade de interfaces mais intuitivas, que dispensam a necessidade de manuais de instruções extensos.

Dentre as tecnologias digitais, o hipertexto e a multimídia interativa são úteis para uso educativo, em particular por possibilitar o envolvimento do educando na aprendizagem e por favorecer a exploração lúdica e não linear de conteúdos. O uso destas tecnologias está em consonância com a pedagogia que prega a participação do estudante como condutor ativo no processo de sua aprendizagem.

Outro recurso valioso que as tecnologias digitais proporcionam é o trabalho colaborativo (na terminologia de computação, *groupware*). Os participantes não precisam comunicar-se em tempo real e podem estar dispersos geograficamente. Esta forma de interação tem potencial enorme ainda não explorado adequadamente na Educação, pelo seu caráter atemporal e ao mesmo tempo temporal, com expansão e disponibilidade ilimitada. Como pressupostos da pedagogia moderna, a postura mediadora do professor, focada nas necessidades dos educandos, pode contar com este aliado – o *groupware* – para favorecer a aprendizagem colaborativa, em que se pode contar com a interação professor-estudante e também com a interação estudante-estudante.

Com a construção de artefatos de software apropriados, o recurso da simulação pode vir a consolidar-se como instrumento valioso de aprendizagem, pela possibilidade de experimentação, em especial nas situações em que riscos de acidentes poderiam ocorrer ou naquelas em que os custos exigidos para a realização das experiências seriam proibitivos. Os recursos de simulação existentes hoje em certas áreas industriais, como os simuladores para treinamento de pilotos de aeronaves e de navios, permitem vislumbrar seu uso na Educação, inevitavelmente. Com respeito à construção de modelos no computador, simulando algum artefato que se deseja, Lévy (1993, p. 123) afirma que

> (...) os longos e custosos processos de tentativa e erro necessários para o desenvolvimento de instalações técnicas, de novas moléculas ou de arranjos financeiros podem ser parcialmente transferidos para o modelo, com todos os ganhos de tempo e benefícios de custo que podemos imaginar. Mas o que nos interessa aqui é, em primeiro lugar, o benefício cognitivo. A manipulação dos parâmetros e a simulação de todas as circunstâncias possíveis dão ao usuário do programa uma espécie de intuição sobre as relações de causa e efeito presentes no modelo. Ele adquire um *conhecimento por simulação* do sistema modelado, que não se assemelha nem a um conhecimento teórico, nem a uma experiência prática, nem ao acúmulo de uma tradição oral.

Com a simulação em computador, adquirimos uma nova faculdade – a faculdade de imaginar – pois com simples toques em uma tela, podemos dar vazão à nossa imaginação. Por isso, Lévy (*op. cit.*) diz que a simulação é a imaginação assistida por computador, potencializando a aprendizagem de forma indiscutível. E acrescenta que a simulação proporciona um aumento dos poderes da imaginação, aguçando e fortalecendo a intuição.

Há uma característica presente nas tecnologias intelectuais: são resultantes de um feixe de outras tecnologias agregadas. Cada nova tecnologia agregada tem o potencial de modificar o uso daquela. Por isso, uma tecnologia intelectual não é produto imutável com significado sempre idêntico. Lévy (1993) exemplifica com o processamento de texto em um computador: cada um já é uma tecnologia em si. Junte-se a outras tecnologias: a escrita, o alfabeto, a impressão. Associe-se com a impressão a laser, os bancos de dados, a disponibilização do texto na internet. Uma tecnologia ainda por ser criada pode incorporar-se, de alguma forma, para acrescentar novas possibilidades ao processamento de textos.

Outra característica das tecnologias intelectuais: cada ator pode definir e atribuir um novo sentido a elas, modificando-as em vista de algum interesse particular. É o que se diz enquadrar-se nas "leis das consequências imprevisíveis": uma tecnologia inicialmente criada para um propósito acaba por encontrar aplicação inesperada em outras áreas. A história da ciência está repleta destes casos. Por exemplo, o microprocessador foi criado originariamente em projeto de mísseis; a origem da internet está ligada à preservação descentralizada de dados militares: a interligação dos computadores impediria que um posto fora do ar afetasse a disponibilização dos segredos militares.

A respeito dos papéis mútuos do visual e do simbólico, Tall (2009) exemplifica com o problema de dividir três pizzas entre quatro pessoas: cortam-se duas pela metade e dá-se uma metade para cada; a pizza restante é dividida em quatro partes e dá-se um quarto para cada. Visualmente, podem-se ver cada pessoa com três quartos de uma pizza. A ação de dividir três por quatro pode ser expressa simbolicamente como uma fração. A concepção visual favorece uma visão prática da tarefa, a concepção simbólica somente começa a fazer sentido após uma longa compressão mental por meio de contagem de números, compartilhamento e frações equivalentes. Estes dois aspectos da mesma ideia tipificam como o visual pode possibilitar uma ideia global, holística em matemática, enquanto o simbólico produz um método sequencial, operacional, capaz de grande poder computacional. Porém, nem sempre os dois casam facilmente. Neste contexto, Tall (*op. cit.*, p. 14) assevera:

> It is here that the computer can be of vital assistance, suitably supported by guidance from the teacher as mentor. Because the computer is able to carry out the algorithms to enable visual manipulation and symbolic manipulation, it is possible to allow the learner to focus on specific aspects of importance whilst the computer carries out the algorithms implicitly. This provides what I have termed,

somewhat grandiosely, as the *principle of selective construction*. It allows the learner to obtain an overall holistic grasp of ideas either before, or at the same time as studying the related symbolic procedures that were traditionally the first things to be studied and practiced by the learner, enabling the growing individual to gain a new equilibrium with mathematical ideas in a new technological age. It is not a universal panacea, for different individuals have different ways of coping with the mathematical world, but it offers different kinds of experiences which can be supportive to a wide spectrum of approaches.

É aqui que o computador pode ser de vital ajuda, convenientemente apoiado pela orientação de um professor como mentor. Porque o computador é capaz de executar os algoritmos que possibilitam a manipulação visual e a manipulação simbólica, é possível permitir que o estudante focalize em aspectos específicos de importância, enquanto o computador executa os algoritmos implicitamente. Isto provê o que eu chamo, um tanto pomposamente, como o princípio de construção seletiva. Possibilita ao estudante obter um domínio holístico completo de ideias antes ou ao mesmo tempo em que estuda os procedimentos simbólicos relacionados que seriam tradicionalmente as primeiras coisas a serem estudadas e praticadas por ele, possibilitando-lhe o crescimento individual para ganhar um novo equilíbrio com ideias matemáticas em uma nova era tecnológica. Não é uma panaceia universal, para diferentes indivíduos terem diferentes maneiras de tratar o mundo matemático, mas oferece diferentes tipos de experiências que podem constituir base para um amplo espectro de abordagens (nossa tradução).

Em resumo, o que as tecnologias educacionais podem oferecer à Educação Matemática, em especial, o que as Tecnologias Digitais podem oferecer? Disponibilizam, a um só tempo, um ambiente que favorece o cálculo, a visualização e a simulação, a experimentação (possibilitando uma abordagem exploratória para a aprendizagem de Matemática) e contribuem para a reorganização do pensamento e há, ainda, o caráter motivador da aprendizagem de novos conceitos com base em situações reais, empregando recursos tecnológicos modernos (FURTADO & ESPÍRITO SANTO, 2011).

1.5 Síntese Comparativa das Abordagens da Educação Matemática

Os Quadros 1 e 2 abaixo sintetizam características das abordagens da Educação Matemática. Aqui, com base no que foi apresentado, identificamos a existência de quatro abordagens: Modelagem Matemática, Etnomatemática, História da Matemática e Resolução de Problemas. Consideramos que Educação Matemática Crítica, Jogos e Recreações e Tecnologia compõem outro grupo: são abordagens que podem ser empregadas com qualquer uma das quatro perspectivas citadas antes. Desta forma, podemos aplicar a Modelagem Matemática com uso de Tecnologias Digitais (TD), o mesmo podemos fazer com a História da Matemática, etc.

No Quadro 1 destacamos quatro aspectos para confronto das abordagens: valorização do cotidiano, interdisciplinaridade, transdisciplinaridade e passagem do saber concreto para o saber abstrato. O xis no quadro sinaliza que a abordagem contempla o aspecto; o traço sinaliza que não contempla.

No Quadro 2 as quatro abordagens são analisadas com base nos aspectos indutores da aprendizagem. Observamos que todas elas, potencialmente, possibilitam o emprego dos aspectos indutores destacados. O que as diferencia, então, é o que está no Quadro 1, com as características apontadas.

Quadro 1. QUADRO-RESUMO COM CARACTERÍSTICAS DAS ABORDAGENS DA EDUCAÇÃO MATEMÁTICA

Abordagem/ Característica	Modelagem Matemática	Etnomatemática	História da Matemática	Resolução de Problemas
Valorização do cotidiano	X	X	-	-
Interdisciplinaridade	X	X	-	-
Transdiscipli-naridade	X	X	-	-
Passagem do saber concreto para o saber abstrato	X	X	-	-

Quadro 2. QUADRO-RESUMO COM CARACTERÍSTICAS DAS ABORDAGENS DA EDUCAÇÃO MATEMÁTICA E ASPECTOS INDUTORES DE APRENDIZAGEM

Abordagem/ Aspecto indutor de aprendizagem	Autoria	Pesquisa	Elaboração	Leitura Sistemática	Argumentação e contra-argumentação	Fundamen-tação	Aprendizagem como hábito
Modelagem Matemática	X	X	X	X	X	X	X
Etnomate-mática	X	X	X	X	X	X	X
História da Matemática	X	X	X	X	X	X	X
Resolução de Problemas	X	X	X	X	X	X	X

1.6 Conclusões

É inquestionável que respostas urgentes precisam ser dadas pelos pesquisadores da Educação Matemática, que possibilitem melhora no desempenho dos educandos. Estas respostas já existem, em parte, certamente, mas teimam em não chegar às salas de aula. Por isso, esforços devem ser feitos nesta direção.

Neste Capítulo foram repassadas as principais abordagens da Educação Matemática. Muitas delas correspondem a linhas de pesquisa nos centros de investigação na área. Buscou-se fazer um paralelo (didático) entre elas do ponto de vista do que propiciam para a aprendizagem, de modo que o educador opte por aquela que seja a mais indicada para dado momento, em vista dos objetivos que pretende alcançar, ou das habilidades que seus educandos precisam desenvolver mais acentuadamente.

Por fim, propomos o que seria, a nosso ver, uma solução possível (mas de complexa execução): acomodar, de alguma forma, todas as perspectivas na mesma atividade docente (seja em uma disciplina, seja em um curso), em que os conteúdos a serem abordados seriam analisados para determinar a estratégia mais indicada (ou possível) de tratá-los. A variedade de abordagens e concepções utilizadas, inevitavelmente, levaria a uma prática docente mais apropriada para o momento atual, mais motivadora, mais enriquecedora, mais participativa, e que atingiria potencialmente mais habilidades que precisam ser desenvolvidas pelos educandos.

CAPÍTULO 2: FUNDAMENTOS DA MODELAGEM MATEMÁTICA

Há pressupostos da Modelagem: 1) construção de modelo (há casos em que isto não acontece: será modelagem?); 2) os casos e as situações devem provir da realidade; isto significa que situações imaginadas não cabem? Barbosa (2001) aponta estas duas situações.

Outro pressuposto da Modelagem no ensino é o trabalho em grupo. Não se faz modelagem de forma isolada na sala de aula: exige interação entre os participantes. Barbosa (2001) também reconhece um viés antropológico na aplicação da Modelagem, visto que as experiências partem do contexto sociocultural e dos interesses dos estudantes.

A Modelagem no ensino não enfatiza a matemática em si; ela busca aproximação com outras áreas para, aí, nos problemas propostos, voltar-se para encontrar a matemática que se possa empregar para a modelagem em questão.

Nestas condições, Barbosa (2001) aponta que a Modelagem vem ao encontro da noção de ambiente de aprendizagem de Skovsmose (2000), que possibilita que o estudante exercite e desenvolva várias habilidades, a saber: abordagem de conceitos na área em questão, capacidade de abstração do problema real, interação entre os pares e com o professor para formulação e discussão de ideias relacionadas à modelagem em questão, abordagem de conceitos matemáticos que deem conta do modelo a ser elaborado, investigando alternativas possíveis para utilização, na tentativa de escolher a mais apropriada à questão.

Com relação à forma como a Modelagem é realizada, Kaiser-Messmer (1991) *apud* Barbosa (2001) aponta duas visões predominantes: a pragmática e a científica. A primeira aduz que o currículo seja organizado a partir de aplicações, com ênfase no conteúdo que seja utilizado para sua abordagem. A visão científica estabelece relações com outras áreas a partir da matemática: com a Modelagem, novos conceitos matemáticos são introduzidos. Barbosa (2001) sugere uma terceira visão: a sociocrítica, em que as atividades de Modelagem permitem explorar papéis que a matemática exerce na sociedade. Desta forma, a Modelagem atua como meio de questionar a realidade vivida.

2.1 Alguns *Insights* sobre a Modelagem Matemática[5]

Durante aulas de uma turma da disciplina "Modelagem Matemática" do Programa de Pós-graduação em Educação em Ciências e Matemáticas – PPGECM realizada em janeiro/2014, que embasaram pesquisa qualitativa (FURTADO, 2014) que realizamos, foram extraídos alguns *insights* sobre a Modelagem, regis-trados nesta Seção.

Uma primeira observação é sobre a sequência dos conteúdos abordados. A Modelagem é uma estratégia de ensino que tem como objetivo resolver algo que não se conhece. Isto está em consonância com o que consignam os Parâmetros Curriculares Nacionais para o ensino de Matemática no ensino fundamental: um dos seus princípios é que a matemática escolar não seja "olhar para coisas prontas e definitivas"; em vez disto, o objetivo é que o estudante construa e aproprie conhecimento útil para a compreensão e a transformação da sua realidade (BRASIL, 1997, p. 19).

Dado o problema identificado ou sugerido, o estudo necessário pela equipe de estudantes vai descortinando os assuntos envolvidos (conteúdos) exigidos para a modelagem. Portanto, não se partem de conteúdos determinados: os assuntos vão-se impondo, à medida que o processo de modelagem avança. Se dado assunto não é conhecido, então ele é estudado para dar conta da solução do problema. Portanto, com esta abordagem, como os assuntos afloram naturalmente, não há e não faz sentido a prescrição de sequência ordenada de conteúdos.

---

[5] Texto elaborado com base em: FURTADO, A. B. *Avaliação do Uso de Tecnologias Digitais no Apoio ao Processo de Modelagem Matemática*. 2014. 186f. Tese (Doutorado em Educação em Ciências e Matemáticas) – Instituto de Educação Matemática e Científica, Universidade Federal do Pará, Belém (PA).

Outra observação é que a Modelagem é um processo iterativo. Ela impõe a realização de pesquisa mais intensa na fase inicial para obtenção do conhecimento relevante para a solução do problema, mas isto pode ocorrer ao longo de todo o processo, até que o modelo proposto seja validado. Assim sendo, o processo não se esgota quando se chega a um modelo: na validação, pode-se concluir que ele é insuficiente ou incompleto. Neste caso, volta-se ao passo inicial, para obter mais conhecimento sobre o assunto tratado e novos modelos podem ser elaborados.

Como afirmado na Seção anterior, a Modelagem tem amparo em problemas do cotidiano, da realidade, o que possibilita debate social e crítico das questões suscitadas.

A Modelagem no ensino, de certa forma, traz o que o matemático aplicado faz para a sala de aula, com olhar pedagógico.

Outro aspecto constatado com a utilização da abordagem: para a aplicação adequada da Modelagem há necessidade de que o modelador tenha cultura matemática, aliada à sensibilidade para a abordagem criativa dos problemas.

Ainda mais: a Modelagem como estratégia de ensino é altamente motivadora pela possibilidade de envolvimento e mobilização dos participantes; no entanto, é preciso registrar que é um processo que caminha lentamente.

Nesta abordagem do problema, a criatividade de como tratá-lo é uma exigência. Em contraponto a isto, de certa forma, pode-se aduzir: a abordagem tradicional de ensino inibe a criatividade, ao cingir o estudo ao tratamento matemático, com ênfase nas operações de cálculo e manipulações, distanciadas dos problemas reais.

Um fato apontado na Seção anterior: a Modelagem é profícua como abordagem de ensino quando realizada em grupo. A interação entre os estudantes para a concretização do trabalho de modelagem é benéfica para a aprendizagem, pelo que suscita de pesquisa, de debate, de argumentação e de contra-argumentação. Em razão disto, o ambiente das salas de aula precisaria de adaptação. Afinal, o protagonismo desloca-se do professor para os estudantes, em contraponto à passividade do ensino tradicional. Carteiras individuais, enfileiradas, não constituem o ambiente ideal para esta abordagem: como os trabalhos se desenvolvem em grupos, o ideal é a arrumação dos grupos de estudantes em mesas.

Outro aspecto importante a apontar é a transversalidade da Modelagem, em que o conhecimento é visto como um todo, possibilitando que várias perspectivas sejam analisadas – como acontece na realidade, em que os problemas se apresentam indivisos. Em particular, o conhecimento matemático emerge de modo natural. Essencialmente, quando empregamos Modelagem, enfatizamos análise e reflexão durante o processo, fatores preponderantes para aprendizagem.

O fato de o trabalho com Modelagem ter base na realidade possibilita que se faça a associação dos parâmetros do modelo proposto (fórmulas, gráficos, tabelas, textos descritivos) com os seus significados reais. Quando o estudante consegue fazer a passagem de uma forma de registro para outra, depreende-se que seu conhecimento é mais sólido. Ou seja, partindo do registro textual, se ele consegue passar para o registro geométrico ou algébrico; partindo do registro tabular, se ele consegue traduzir para o registro geométrico ou algébrico. Da mesma forma, quando isto se dá no nível de problemas, trata-se da chamada transferência de contextos. "A transferência ocorre quando o aprendiz conhece e compreende os princípios subjacentes que podem ser aplicados a problemas já conhecidos ou parcialmente conhecidos, em novos contextos. Dedução, indução e analogia são variações do processo de racionalização na solução de um problema". (CAMPOS *et als*, 2003, p. 68). O mecanismo usado neste processo acessa informações relevantes na memória de longo prazo, e outros que tentam mapear o novo problema na rede de conhecimentos prévios, para criar uma representação interna do problema que está sendo resolvido (*op. cit.*).

E podem-se analisar mudanças nestes parâmetros e os reflexos no modelo. Da mesma forma, atenção deve ser dada aos limites de validade destes parâmetros para sua adequação ao fenômeno real. Pode-se também aproveitar para rever ou introduzir a abordagem de conceitos ainda não tratados. A discussão sobre as hipóteses que baseiam o modelo proposto pode ensejar diálogo enriquecedor para a aprendizagem dos estudantes. O paralelo que se pode fazer entre o argumento matemático e o argumento físico (ou qualquer outro usado) é elemento enriquecedor para as discussões de determinados fenômenos.

Com relação ao uso das Tecnologias Digitais, havendo desconhecimento ou inabilidade no uso do software utilizado na modelagem, inevitavelmente isto pode comprometer a aprendizagem e, mesmo, determinar a falta de clareza e de correção na elaboração do modelo. Neste caso, o software, em vez de ser uma ferramenta útil, passa a constituir-se obstáculo. Portanto, a utilidade deixa de existir neste caso. Um dos participantes da pesquisa chegou a comentar que não utiliza o recurso computacional para "não passar vergonha". Tal qual Araújo (2002, p. 85) relata, passando a palavra a uma aluna-sujeito de sua pesquisa:

> Eu não entendo muito de computadores, não manjo muito, então... eu precisava me esforçar mais ainda pra usar o computador. Que nem a gente já teve aula de Cálculo no computador, tudo muito rápido, o gráfico aparece na hora, assim. Mas eu preciso me familiarizar, sei lá... com os comandos, com as coisas. Porque eu acho que, às vezes, eu demoro *mais pra entender, pra fazer o comando, do que se eu fosse fazer na mão mesmo.* (grifo nosso).

Não se pode ignorar também um fato: de modo geral, os pacotes de software apresentam limitações para a representação de números. Por exemplo, a representação dos números irracionais é feita de maneira parcial.

Durante toda a condução da disciplina, a utilização da tecnologia digital foi etapa constante do processo de Modelagem. Aliás, isto foi um pressuposto na pesquisa realizada.

Para evitar a exclusão que pode ocorrer na sala de aula – o fato de o professor direcionar sua atenção para os que detenham mais conhecimento –, ele, ao contrário, concentrar-se-ia naqueles que demonstram saber menos, buscando trazer estes estudantes para nível mais próximo de conhecimento dos demais, por meio de estratégias específicas voltadas para o que a avaliação processual[6] apontou.

Na modelagem como estratégia de ensino, a elaboração do modelo não é o único objetivo: o processo que leva ao modelo é que é realmente importante. Afinal, este percurso possibilita a criação de um ambiente favorável à aprendizagem, pelo choque de ideias, pela argumentação, pela busca do saber necessário à concretização do trabalho.

A tecnologia digital incorpora grande contribuição no processo de Modelagem, na medida em que ajuda na construção e também na discussão e validação do modelo elaborado. Um ambiente como o Moodle, por exemplo, destina-se a congregar as atividades das turmas de um professor, permitindo a interação entre os participantes e o seu registro, visando fortalecer a aprendizagem.

O próximo Capítulo apresenta a descrição de algumas aplicações de Modelagem Matemática no ensino.

---

[6] Avaliação processual (também chamada avaliação formativa) – é aquela realizada depois que o professor aplicou sua prática para levar à aprendizagem; esta avaliação visa confirmar se a aprendizagem ocorreu; se não ocorreu, ele pode mudar sua estratégia, para alcançá-la. A avaliação pode ser feita por meio de perguntas, testes, projetos, etc. Este assunto será aprofundado no Capítulo 6.

CAPÍTULO 3: APLICAÇÕES DA MODELAGEM MATEMÁTICA NO ENSINO

A literatura sobre ensino de Modelagem Matemática é relativamente extensa com relação a atividades para exercitar a estratégia. Nesta Seção algumas destas atividades são descritas e comentadas, a título de ilustração. Foram desenvolvidas em projetos de dissertação de mestrado e de teses realizadas por participantes do Grupo de Estudos em Modelagem Matemática do Programa de Pós-graduação em Educação em Ciências e Matemáticas (PPGECM) do Instituto de Educação Matemática e Científica (IEMCI) da Universidade Federal do Pará (UFPA).

3.1 Conta de Água (CHAVES, 2005)

Esta atividade foi extraída da dissertação de mestrado em Educação em Ciências e Matemáticas do Núcleo Pedagógico de Apoio ao Desenvolvimento Científico – NPADC da UFPA (atual Instituto de Educação Matemática e Científica - IEMCI) da Professora Maria Isaura de Albuquerque Chaves, intitulada *Modelando matematicamente questões ambientais relacionadas com a água a propósito do ensino-aprendizagem de Funções na 1ª série do Ensino Médio*, orientada pelo Prof. Adilson Oliveira do Espírito Santo, defendida em março/2005. As seguintes questões são apresentadas (CHAVES, 2005):

1) Observe uma conta de consumo de água (COSANPA – Companhia de Saneamento do Pará) detalhadamente. Responda em seguida:
a) mês de referência do consumo?
b) valor pago de água e de esgoto?
c) relação entre o valor de esgoto e o valor da água?
d) calcular o consumo em m^3, sabendo que o consumo = leitura atual – leitura anterior.
e) qual a média de consumo dos últimos seis meses da residência?

2) A conta de consumo de água é calculada por faixa de consumo, conforme a tabela abaixo:

Tabela 1

Faixa de consumo (m³)	Valor R$/m³ - ÁGUA	Valor R$/m³ – ESGOTO
00-10	1,15	0,69
11-20	1,38	0,83
21-30	1,65	0,99
31-40	2,08	1,25
41-50	2,88	1,73
>50	3,74	2,24

Fazer o cálculo do valor do consumo correspondente a um dado consumo medido (m³).

3) Para cada faixa de consumo, expresse o valor a pagar "y" reais em função de "x" m³ consumidos (Quadro 3).

Quadro 3

Faixa de Consumo (m³)	Y = f(x)
[00-10]	1,84x
[11-20]	2,21x - 3,7
[21-30]	2,64x - 12,30
[31-40]	3.33x - 84,2
[41-50]	4,61 - 84,2
>50	5,98x - 152,7

4) Testar as funções obtidas no Quadro 1, para os consumos constantes do Quadro 4

Quadro 4

Consumo	Expressão utilizada	Valor encontrado	Valor real
18m³	2,21x - 3,7		
29m³	2,64x - 12,30		
42m³	4,61x - 84,2		
53m³	5,98x - 152,7		

5) Com base nas funções do Quadro 1 e o valor do consumo médio de cada residência, calcular o valor aproximado da próxima conta (compondo, assim, o Quadro 5):

Quadro 5

Consumo Médio	Expressão utilizada	Valor da próxima conta

Ainda aproveitando o mesmo tema, Chaves (2005) sugere o seguinte trabalho:

Como mostrado, a COSANPA calcula o consumo de acordo com a Tabela 2.

Tabela 2

Faixa de consumo (m^3)	Valor R\$/m^3 – ÁGUA	Valor R\$/m^3 – ESGOTO
00-10	1,15	0,69
11-20	1,38	0,83
21-30	1,65	0,99
31-40	2,08	1,25
41-50	2,88	1,73
>50	3,74	2,24

1) Considerando as residências que não pagam taxa de esgoto, determine o valor a pagar "y" em função de "x" m^3, compondo o Quadro 6 a seguir:

Quadro 6

Faixa de Consumo (m³)	Y = f(x)
[00-10]	
[11-20]	
[21-30]	
[31-40]	
[41-50]	
>50	

2) Com as contas de água de duas residências que não pagam taxa de esgoto, preencha o Quadro 7.

Quadro 7

3) Com as funções do Quadro 1 e o valor do consumo médio dos últimos seis meses, calcular o valor da próxima conta (compondo, assim, o Quadro 8).

Quadro 8

Consumidor	Consumo	Expressão utilizada	Valor da próxima conta

Comentários sobre as aprendizagens que o desenvolvimento das atividades acima possibilita:

O estudante, com esta atividade, tem oportunidade de aprender como é feito o cálculo do consumo de água e da taxa de esgoto.

No tocante à matemática, o conceito de funções por meio de uma aplicação real possibilita aprendizagem sólida.

3.2 Conta do Desperdício (CHAVES, 2005)

Como o título da dissertação de Chaves (2005) sugere, as atividades são voltadas à questão ambiental, em especial questões relacionadas à água. Nesta atividade, é proposto o cálculo do volume de água necessária para algumas ações de higiene pessoal (higiene bucal e banho) considerando uma dada vazão da torneira da pia e do chuveiro; considera-se uma família de quatro pessoas, cujo consumo médio nos últimos seis meses foi de 38m^3:

1) Expressar o volume necessário de água na higiene bucal em função do tempo (duração), supondo a vazão da torneira de 8 litros/minuto:

$V1(t) = 8t.$

2) Idem para um banho em que a vazão do chuveiro é de 12 litros/minuto:

$V2(t) = 12t.$

3) Se a torneira ficar aberta durante toda a higiene bucal e se o chuveiro ficar aberto durante todo o banho (incluindo tempo gasto em se ensaboar e esfregar), percebe-se que somente 1/3 do tempo seria suficiente para a higienização. Com base nesta informação, pede-se para expressar o volume de água necessário nestes dois casos:

$V1'(t) = 8.(1/3).t = (8/3).t$ $V2'(t) = 12.(1/3).\ t = 4t.$

4) Expressar o volume de água desperdiçada nos dois casos:

$VDhbucal(t) = 8t - (8/3)t = (16/3).t$ $VDbanho(t) = 12t - 4t = 8t.$

5) Calcular o desperdício mensal em m^3 da família em questão, considerando banho e higiene bucal três vezes por dia, com duração média de 6min e 3min, respectivamente.

6) Havendo a decisão de mudar os hábitos, qual será a economia mensal da família com o consumo de água?

Consumo atual = consumo anterior – desperdício.

Em seu trabalho Chaves (2005) apresenta ao todo dez atividades, das quais as três atividades (resumidas) acima foram extraídas, explorando aspectos do conceito de funções de 1º grau do programa da 1ª série do Ensino Médio. A dissertação mostra um caminho para a utilização da Modelagem Matemática (consideradas algumas condicionantes) no ensino regular, atestando a concretização de aprendizagem significativa para a amostra de estudantes para a qual a estratégia foi aplicada.

3.3 Perigo da Obesidade (ROZAL, 2007)

Atividades relacionadas às mostradas acima podem ser propostas, como por exemplo: consumo de energia elétrica, tomando como base a conta da distribuidora: cálculo do consumo de determinados equipamentos elétricos (como proposto em Rozal (2007) com vista à economia; o mesmo pode-se fazer com relação à conta telefônica).

Particularmente, na dissertação de mestrado em Educação em Ciências e Matemáticas do NPADC da UFPA (atual Instituto de Educação Matemática e Científica - IEMCI), intitulada *Modelagem Matemática e os Temas Transversais na Educação de Jovens e Adultos*, de Edilene Farias Rozal, orientada pelo Prof. Adilson Oliveira do Espírito Santo, defendida em março/2007, são propostas as duas atividades a seguir (ROZAL, 2007):

1) Perigo da obesidade (tema transversal – saúde): foram entrevistados nutricionistas para a coleta de informações sobre o assunto; a atividade utiliza os dados do Quadro 9, com a média do Índice de Massa Corporal (IMC) por pessoa.

Quadro 9. Categoria de peso conforme o índice de massa corporal.

Categoria	IMC
Abaixo do peso	Abaixo de 18,5
Peso normal	18,5 – 24,9
Sobrepeso	25,0 – 29,9
Obesidade Grau I	30,0 – 34,9
Obesidade Grau II	35,0 – 39,9
Obesidade Grau III	40,0 e acima

Obs.: Peso saudável equivale ao peso normal.

São propostas as atividades: cada estudante calcula o seu IMC, fazendo o enquadramento na categoria mostrada no Quadro. A atividade foi realizada com a utilização de calculadora. Apesar de a atividade consistir de cálculos simples, percebeu-se dificuldade na sua realização por parte da turma da chamada 4ª etapa (alunos de 6ª e 7ª série do ensino fundamental, com reprovações); a turma era formada por jovens e adultos com distorção série-idade e por egressos de outras escolas. A dificuldade percebida decorreu de a atividade envolver operações de multiplicação e divisão com números decimais.

3.4 Consumo de Energia Elétrica de Aparelhos Elétrico-eletrônicos

É dado o Quadro 10, com o consumo de energia elétrica de aparelhos elétrico-eletrônicos, fornecido pela distribuidora de energia elétrica.

Quadro 10. Aparelhos elétrico-eletrônicos e seus consumos mensais.

APARELHO ELÉTRICO-ELETRÔNICO	CONSUMO (kwh) POR MÊS
Geladeira	32,4
Lâmpada incandescente	10,5
Lâmpada fluorescente	4,5
Televisor	30
Ferro elétrico	16
Ventilador	24
Máquina de lavar	40
Condicionador de ar (7000 BTUs)	203

Pede-se: A) qual o eletrodoméstico com maior consumo de energia elétrica? B) qual é a soma do consumo da geladeira, da lâmpada incandescente, da fluorescente e do chuveiro elétrico? C) se multiplicar o valor do consumo da lâmpada pelo consumo da bomba d´água, quantos kWh são obtidos? D) qual é a diferença de consumo de energia elétrica da máquina de lavar para o chuveiro elétrico? E) se uma residência possui três ventiladores, qual será o valor em kwh totalizados para o faturamento da conta de energia durante o mês?

3.5 A Segurança Eletrônica em Questão: Cerca Elétrica[7]

Cercas elétricas vêm sendo amplamente utilizadas na Europa e nos Estados Unidos desde 1930. No Brasil, o uso desse equipamento tornou-se mais significativo a partir da década de 1990.

A finalidade inicialmente proposta para a cerca

---

[7] Enunciado extraído de ALMEIDA, L. W. DE; SILVA, K. P. DA; VERTUAN, R. E. *Modelagem Matemática na Educação Básica.* São Paulo: Contexto, 2012.

elétrica era dividir áreas de pastagens e lavouras. Atualmente, ela é utilizada para auxiliar na segurança em residências, estabelecimentos comerciais e industriais, entre outros locais.

O aumento do índice de violência, tanto no campo como na cidade, requer equipamentos de segurança mais sofisticados. Portões altos, muros com pedaços de vidro, grades na janela não são mais suficientes para evitar que residências e estabelecimentos comerciais sejam invadidos. A cerca elétrica é uma alternativa para ampliar o nível de segurança.

Em áreas residenciais, a cerca elétrica costuma ser ligada a uma central, capaz de emitir descarga elétrica suficiente para impulsionar uma pessoa para longe. O choque, nome popular dessa descarga elétrica, afugenta o intruso sem causar maiores danos e, se os fios forem cortados, um alarme é acionado.

Para Além da Matemática

Há dois tipos de cerca elétrica à disposição no mercado: monitorada e não monitorada. A cerca monitorada é aquela que permite a integração com uma central de alarme, que pode estar ligada ou não externamente a uma empresa de segurança eletrônica, podendo, também, acionar alarmes e luzes quando tocada. Já a cerca não monitorada é aquela que possui as mesmas características da anterior, porém não está ligada a uma central de alarme.

Em ambos os casos há recomendações importantes para a instalação da cerca elétrica: deve estar instalada em locais altos (muros com no mínimo 2m de altura); deve ficar voltada para o interior da área que se quer proteger; não pode ficar em contato com vegetação, como árvore, folhagens etc.; e deve estar sinalizada.

Considerando o interesse em tratar da instalação de cercas elétricas na aula de Matemática, estudantes obtiveram a informação de que estão disponíveis duas opções de serviços para instalação de cercas elétricas residenciais, conforme o Quadro 11.

Quadro 11: *Preços de kits (pronto e a montar) para instalação de cercas elétricas residenciais*

Conteúdo	Opção 1 (kit pronto)	Opção 1 (kit a montar)
Central		R$ 180,00
Bateria		R$ 60,00
Sirene	R$ 370,00	R$ 25,00
Haste de aterramento		R$ 35,00
Cerca (20m com 4 fios)		——
Valor do metro de cerca (4 fios)	R$ 5,00	R$ 4,50

CONVERSANDO COM A SALA DE AULA

Os alunos podem obter informações de valores e kits de instalação de cercas elétricas da cidade e a partir delas desenvolver a atividade.

Na situação em estudo, optou-se por kits compostos por uma central, uma bateria, uma sirene, uma haste de aterramen to.

Variações nas quantidades de cada um desses componentes podem ocorrer de acordo co a extensão da área cercada.

Na situação são consideradas as informações:

> - *Na opção 1, o valor di kit de R$370,00, e paga-se R$5,00 por metro de cerca que exceder os 20m;*

> - *Na opção 2, tem-se um valor fixo de R$300,00 e cada metro de cerca custa R$4,50.*

A partir dessas informações, qual a opção mais vantajosa para um cliente que deseja instalar esse equipamento de segurança?

(ALMEIDA *et als*, 2011, p. 75-76).

Comentário sobre a atividade descrita a seguir[8]:

Esta atividade foi desenvolvida por estudantes de pós-graduação do PPGECM, durante a realização da disciplina "Modelagem Matemática" (ministrada pelo Professor Adilson Oliveira do Espírito Santo – IEMCI/UFPA), em janeiro/2014, e encontra-se descrita em Furtado (2014), tendo servido como um dos objetos de sua pesquisa.

SOLUÇÃO:

Verificando melhor a opção que define a quantidade de metros (ver Quadro 12 a seguir).

---

[8] Texto elaborado com base em: FURTADO, A. B. *Avaliação do Uso de Tecnologias Digitais no Apoio ao Processo de Modelagem Matemática*. 2014. 186f. Tese (Doutorado em Educação em Ciências e Matemáticas) – Instituto de Educação Matemática e Científica, Universidade Federal do Pará, Belém (PA).

Quadro 12. Definição da quantidade de metros e preço correspondente.

Quantidade em metros	Curso em Reais (Opção 1) R$ 370,00 até 20m Ou 370,00 + 5 x metragem	Custo em Reais (Opção 2)
5	370,00	332,50
10	370,00	345,00
15	370,00	367,50
20	370,00	390,00
25	395,00	412,00
30	420,00	435,00
35	445,00	457,50
40	470,00	480,00
50	520,00	525,00
60	570,00	570,00
70	620,00	615,00
80	670,00	660,00
90	720,00	705,00
100	770,00	750,00

Logo: A opção mais vantajosa dependerá da metragem a ser comprada. Até aproximadamente 15,5m e passando de 60m a opção mais vantajosa é a de número 2 conforme mostram os cálculos. Acima de 15,5 m, aproximadamente, até valores abaixo de 60m a opção mais em conta é a de número 1. Quem comprar 60m de cerca vai pagar a mesma coisa R$ 570,00.

O Quadro 13 sintetiza os modelos matemáticos das opções de compra das cercas elétricas.

Quadro 13. Modelos matemáticos das opções de compra das cercas elétricas:

# Parte fixa da Opção 1: (Até 20m)	# Opção 1 para compra acima de 20 m.
Y = 370,00 para m = 20	Y = 5(metragem acima de 20m – 20m) + 370 Y = 5(m - 20) + 370 Y = 5m – 100 + 370 Y = 5 x m + 270,00 para m › 20

# Opção 2
Y = 300 + 4,5 x metragem

Construção Gráfica dos Modelos

Com base na análise feita até aqui, apresenta-se em seguida a construção gráfica dos modelos produzidos. Ver a Figura 3.

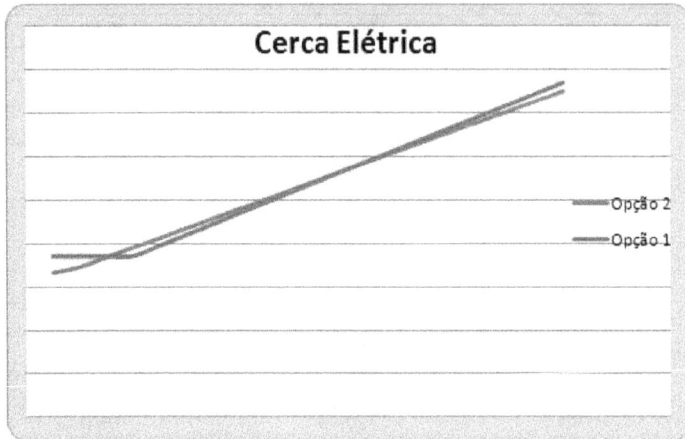

Fig. 3. Cerca elétrica: representação dos modelos.

Relato da Experiência

Quando a dupla fez sua primeira intervenção, sua exposição foi convincente. Quando foram instados a utilizar o computador para apresentar seus resultados, não foram convincentes. A dupla não sabia como representar os três gráficos (referentes às situações que o problema oferece) juntos, na mesma figura, o que permitiria melhor comparação entre as três opções para identificar qual seria a melhor opção de compra. Ficou patente, reforçado pelo reconhecimento da dupla, a inabilidade em utilizar o software. A possibilidade de garantir a aprendizagem visual, por meio da manipulação dos modelos elaborados no computador, não pôde ser exercitada, visto que não eram condizentes com o enunciado preconizava.

Conclusão do professor, depois de ter observado a exposição da dupla: "se não há domínio da tecnologia, é melhor não utilizá-la". Sem o uso da tecnologia, a dupla tinha sido convincente na exposição de seu trabalho de modelagem; com o emprego da tecnologia, a clareza deixou de existir.

O seguinte registro recupera parte da discussão havida em sala:

Membro 1: A solução do Excel está aí?

Membro 2: O que observei do Excel: aí o problema poderia... em vez... porque poderia ... a orientação que é dada no problema, você tem que saber a fórmula, a equação matemática. Se o problema desse em termos de pontos ... aí o aluno chegaria à construção gráfica. Aí é que está a questão... aqui o caso se os pontos já fossem determinados pelo problema: a gente poderia chegar a esta equação aqui a partir dos pontos. Mas aí eu construí... Eu não sei como fazer para juntar os três gráficos.

Membro de outra dupla assevera: mas dá para fazer no mesmo gráfico as três funções... Conclusão: na tentativa de juntar, a dupla partiu para o Geogebra, já que não conseguia com o Excel. Só que os parâmetros ficaram distantes. É o manuseio do software...

Adiante, ocorreu o seguinte diálogo:

Membro 1: A importância do recurso está aí. Para evitar esse número de tentativas e erros, para não ser prolongado demais... Aqui já vai ser gerado.

Membro 2: Poderia estabelecer o comparativo para permitir analisar. No mesmo gráfico, teria as três retas, e estabeleceria o comparativo: até aqui vale a pena comprar (a cerca) com esta opção. Daqui em diante, com outra.

Outro participante: A gente tem que estar preparado.

Outro participante: Com a tecnologia piorou. Se a gente domina isto acontece. Afinal, sem o recurso, levaria horas para montar o gráfico.

Outro participante: Na sala de aula, um ou dois alunos saberiam como fazer a manipulação adequada do software.

Comentário do docente: Novamente, a discussão foi levantando questões: mostra que a Modelagem abre caminhos. Primeiramente, vocês estão assumindo que não dominam o software. Se você não domina, é melhor não usar – é a conclusão a que chegamos. Quando se abre o processo de Modelagem, com a liberdade para o aluno se manifestar, o professor pode aprender também. A Modelagem quebra a hierarquia professor-aluno. A Modelagem rompe este tabu.

Vocês assumiram que não dominavam. Por isso, foi destacado que, sem o recurso tecnológico, vocês explicaram bem a modelagem feita, mas quando usaram, ficou claro que não o dominavam. Se levar para a sala de aula, o seu aluno quer compreender, quer aprender, a coisa se torna difícil. Vocês observam que se aprende com o contraexemplo. Vocês estão servindo de contraexemplo: como não utilizar a tecnologia em sala de aula. Risos!

Analisando o trabalho desenvolvido pela dupla, observa-se que a formalização do conteúdo matemático empregado o complementaria. A dupla empregou a função definida por várias sentenças. Trata-se de qualquer função f: R → R dada por sentenças abertas, cada uma delas a um domínio D, contido no domínio de f. Deve-se utilizar a sentença apropriada, dependendo do intervalo em que o valor de m (metragem) se enquadra. Ou seja:

Opção 1: até 20m
  y = 370, para 0 < m d" 20
Opção 1: acima de 20m
  y = 5m + 270, para m > 20.
Opção 2: para m > 0.
  y = 300 + 4.5m.

Outro assunto abordado neste problema é a interseção de retas e a solução de um sistema de equações lineares. Todo ponto de interseção de duas retas no plano satisfaz as equações de ambas as retas. A determinação deste ponto de interseção entre duas retas concorrentes é feita pela resolução do sistemaformado por suas equações (ALMEIDA *et als*, 2012).

3.6 A Matemática no Cotidiano

São listadas a seguir algumas outras situações comuns do cotidiano dos estudantes que podem possibilitar abordagem com a Modelagem Matemática, possibilitando que conteúdos da disciplina sejam aplicados. Com isto reforça-se um dos objetivos da Modelagem Matemática – trazer situações do cotidiano do estudante – para, a partir delas, tratar os conteúdos de Matemática envolvidos.

3.6.1 A Matemática por Trás de uma Transação de Compra

Uma das primeiras coisas que fazemos ao iniciar o dia é comprar pão e outros gêneros necessários para aquele dia. Nesta operação, a Matemática se faz presente em vários momentos. Ao planejar o que comprar, temos que considerar a importância em reais disponível na carteira, já que consideramos compra à vista. Assim, em face do dinheiro disponível, incluímos ou não determinados itens. Operações aritméticas simples (adições, subtrações, multiplicações, divisões) são realizadas aqui para a tomada de decisão. Tomando como exemplo a compra que feita hoje. Dispúnhamos de R$ 10,00 na carteira. Então compramos

5 pães careca, que importaram em R$ 1,66 (o pão é vendido a quilo; pedimos cinco, que pesaram 0,238kg; o preço do quilo do pão é R$ 6,99; fazendo a multiplicação, obtém-se R$ 1,66362; como trabalhamos em reais com centavos, há um truncamento, desprezando-se o valor 0,00362); um maço de alface a R$ 1,95 e um iogurte a R$ 1,89. Tudo ficou em R$ 5,50. Recebemos de troco R$ 4,50.

O supermercado onde a compra foi realizada atribui pontos para cada compra realizada. Por esta transação, acumulamos R$ 0,04 de pontuação para compra futura.

Neste exemplo do cotidiano percebe-se a aplicação da Matemática em vários momentos para auxiliar na tomada de decisão. Quem não dispuser destes conhecimentos rudimentares, certamente estará sujeito a cometer muitos erros, dificultando sua vida.

Um ponto que se pode considerar sobre o que é comentado acima é a questão cultural ou de costumes. Há municípios do estado onde o pão é vendido ainda em unidades.

3.6.2 A Verticalização das Cidades

Se considerarmos cálculos rústicos (pedestres) da simples área ocupada por um automóvel; se considerarmos a contagem do número de veículos por apartamento de um edifício de trinta andares, serão sessenta veículos que ficam empilhados nas garagens do prédio, onde, antes, na mesma área, ocupada por casas de um ou dois andares, ficavam não mais que quatro ou cinco veículos.

Ora, como as artérias da cidade são inelásticas, não há como acomodar tantos carros novos incluídos na frota da cidade. Em especial, no horário do "rush" (grande parte sai no mesmo horário), conclui-se que os problemas de engarrafamento tendem a agravar-se. Cada vez mais, a tendência é reduzir a velocidade de fluxo dos veículos.

Nenhuma solução à vista, senão: 1) reduzir a relação carro/habitante (inviável, pois é o sonho de toda pessoa ter disponibilidade própria para deslocar-se); 2) investir em transporte de massa, que faça com que parte da população deixe seus carros nas garagens (difícil de ser concretizada, haja vista que as instâncias de governo não têm isto como prioridade); 3) aprovação do rodízio de veículos pela Prefeitura, assim parte da frota não sairá às ruas.

A primeira pergunta do título pode ser respondida facilmente com um pequeno croqui de pequeno trecho da cidade (uma área com verticalização acentuada), cálculo da área média dos automóveis, cálculo do número médio de automóveis por edifício. Deduz-se que a tendência é agravar-se o problema. A Matemática e a Estatística nos afiançam isto por meio de cálculos simples.

3.6.3 Como Garantir a Independência Financeira?

Esta é uma questão da área de educação financeira. Com ela, podem-se trabalhar conceitos importantes relacionados a esta área importante para a vida pessoal. Ganhar dinheiro, economizar dinheiro, controlar despesas, investir o saldo resultante, tendo em vista o consumo futuro, ou mesmo, garantir reservas para alcançar a independência financeira.

Para trabalhar a ideia de juros, pode-se começar identificando os 3 fatores essenciais para a produção: o trabalho, a terra e o capital. A remuneração do trabalho é dada pelo salário, a remuneração da terra é dada pelo aluguel e a remuneração do capital é dada pelo juro.

Aqui, pode-se trabalhar uma aplicação bem rudimentar: considerar, por exemplo, que o estudante tem uma bolsa ou uma mesada de R$ 400, ao longo de um determinado período de tempo. Um ano, por exemplo.

Se o estudante recebe este valor mensalmente, e considerando que consiga economizar 10% de sua renda, isto representa R$ 40. Este valor pode ser depositado mensalmente na sua conta de poupança no banco. No fim do primeiro mês, a

---

[9] Texto elaborado com base em: FURTADO, A. B. *Avaliação do Uso de Tecnologias Digitais no Apoio ao Processo de Modelagem Matemática*. 2014. 186f. Tese (Doutorado em Educação em Ciências e Matemáticas) – Instituto de Educação Matemática e Científica, Universidade Federal do Pará, Belém (PA).

aplicação do valor de R$ 40 vai render juros de 0,5%, mais a correção monetária correspondente (vamos considerar 1%, por hipótese).

Portanto, no fim do primeiro mês teríamos:

Juros (mês 1) = 40 x 0,05 + 40 x 0,01 = 2 + 0,40 = 2,40.

Este valor de R$ 2,40 somar-se-á ao valor original, totalizando: R$ 42,40.

Considerando-se que no início do segundo mês haverá o depósito de mais R$ 40, teríamos aplicado, na verdade para o segundo mês: R$ 82,40.

Portanto, no fim do segundo mês teríamos:

Juros (mês 2) = 82,40 x 0,05 + 82,40 x 0,01 = 4,12 + 0,82 = 4,94.

Este valor de R$ 4,94 somar-se-á ao valor original, totalizando: R$ 87,34.

Com raciocínio idêntico, pode-se chegar ao valor de juros do terceiro mês, ..., décimo segundo mês, demonstrando que, se não houver retirada e se houver o depósito regular de R$ 40, no fim de um ano, o estudante teria R$ 480 mais o valor correspondente de juros e correção monetária que se somaria ao seu principal (R$ 40) a partir do fim do primeiro mês.

Com a perspectiva de tempo, fica demonstrado que comportamento semelhante pode levar futuramente à independência financeira almejada.

3.7 Atividades Propostas

Algumas atividades que podem ser trabalhadas pelos professores de Matemática do ensino fundamental e do ensino médio:

1) cálculo da conta de supermercado de uma família (dados os produtos consumidos por uma família e seus preços, levantados nos supermercados);

2) controle de contas do orçamento doméstico: receitas e despesas, saldo para investimentos, etc.;

3) na área de construção civil: a) número de caixas de lajotas necessárias para uma casa, dada a planta baixa e uma

margem de segurança para perdas; b) dado o índice de produtividade de um pedreiro em sentar a lajota, calcular o número de diárias necessárias; c) custos envolvidos em a) e b); d) cálculo no número de telhas para cobertura;

4) cálculo de frete (cubagem dos itens a serem transportados), para algumas mercadorias considera-se o peso (por exemplo, ferro) como determinante do frete, para outras o determinante é o volume ocupado (por exemplo, algodão), para outras o valor da nota fiscal da mercadoria (por exemplo, medicamentos, carros);

5) cálculo do frete de *containers*. Como se percebe, a lista de atividades que se pode elaborar é infindável, dependendo do conteúdo matemático que se pretenda explorar.

O próximo Capítulo apresenta uma visão geral sobre Tecnologias Educacionais.

CAPÍTULO 4. TECNOLOGIAS EDUCACIONAIS: UMA SOBREVISTA[9]

Quando se fala em Tecnologia Educacional, pensa-se logo na tecnologia mais moderna, com utilização de computador com recurso de projeção 3D de última geração, acessível para poucos. Nesta seção, será apresentada uma classificação ampla dos recursos disponíveis para os professores: aquelas tecnologias que independem de recursos elétrico-eletrônicos e as que dependem destes recursos.

É importante ressaltar desde logo que a tecnologia (qualquer) é um meio, e não um fim em si própria. Ela não garante automaticamente a aprendizagem. Leite (2003, p. 8) afirma que "a simples presença da tecnologia na sala de aula não garante qualidade nem dinamismo à prática pedagógica". Tecnologia não é panaceia. Cabe, sempre, estudá-la adequadamente para avaliar sua adequação ao fim pretendido. A consciência da utilização da tecnologia educacional (por que e para que utilizá-la), o domínio do conhecimento técnico associado a ela (para utilizá-la de acordo com suas características) e o conhecimento pedagógico (como integrá-la ao processo educativo) são pontos fundamentais a serem considerados antes do seu emprego (LEITE *et als*, 2003). A decisão política de aquisição de uma tecnologia sem a participação do professor tem-se mostrado inadequada, pois, afinal, o professor precisa modificar suas práticas pedagógicas para incorporá-la ao processo educativo.

Classificação quanto à dependência de recursos elétrico-eletrônicos: independentes e dependentes.

4.1 Tecnologias Independentes de Recursos Elétrico-eletrônicos

Dentre as Tecnologias Independentes, citam-se (LEITE *et als*, 2003), (VIEIRA *et als*, 2003):

a) **História em quadrinhos**: constituída de quadros sequenciais que combinam imagem e texto (duas artes no mesmo instrumento – literatura e desenho);

b) **Gráfico:** é uma representação visual de dados numéricos; há software (como *SmartDraw* cujo fim específico é a construção de gráficos diversos; a planilha eletrônica *MS-EXCEL* também apresenta recursos para construção de gráficos diversos) especialmente desenvolvido para construir gráficos que possibilitem a análise de dados, comparações e projeções e tendências;

c) **Instrução Programada**: consiste de um texto para ser usado pelo aluno com o objetivo de instruí-lo sobre conceitos, procedimentos, regras. Pode servir de ferramenta para treinamento, possibilitando ao aluno avançar conforme seu ritmo próprio;

d) **Ilustração/Gravura**: é um termo genérico para designar fotografias, desenhos, símbolos; servem para esclarecer conceitos, modificar conceitos errôneos, recapitular conteúdo ministrado, estimular a imaginação. Hoje, com o recurso da fotografia digital, exposições podem ser preparadas facilmente; possibilitam uma forma de ler o mundo ou expressar uma leitura particular;

e) **Jogo** (aqui não são os *games*): trata-se de atividade física ou mental (lúdica), organizada de maneira que ocorra vitória e derrota; instala um espírito de equipe e de competição saudável que, se bem conduzido, pode estimular a busca da aprendizagem;

f) **Jornal:** trata-se de um periódico impresso, com o objetivo de divulgar notícias, opiniões; editores e redatores são os próprios alunos;

g) **Jornal Escolar**: é um jornal preparado pelos estudantes, com o objetivo de integrar o aluno no meio em que vive, registrando o que de relevante ocorre, ou merece ser criticado ou elogiado;

h) **Livro Didático**: valiosíssimo recurso de ensino para o professor, se especialmente preparado por ele, contendo sua sequência de apresentação dos assuntos, com as atividades a serem desenvolvidas. Mesmo que não seja impresso, e que fique na forma eletrônica – como *pdf* – constitui ferramenta educacional indispensável;

i) **Mapa e Globo**: são representações do mundo real, com o objetivo de localizar, orientar. O *Google Maps* é instrumento valioso para este propósito;

j) **Modelo:** é uma representação bi ou tridimensional de objetos ou seres vivos. Podem-se citar quatro tipos de modelos científicos (JUNG, 2004): 1) o modelo icônico (representa um sistema fisco real com máxima semelhança); 2) o modelo diagramático ou esquemático (utiliza símbolos para a representação do sistema físico real; não há semelhança com o sistema real); 3) modelo gráfico (representa características ou propriedades do sistema físico real, permitindo a visualização das grandezas envolvidas); 4) modelo matemático (descreve fenômenos e as variáveis dos problemas por meio de linguagem simbólica; esta linguagem usa convenções, regras e símbolos, em forma de equações;

k) **Mural**: trata-se de conjunto de ilustrações, gravuras e desenhos, com o objetivo de comunicar uma mensagem; apresenta uma ideia principal e ideias acessórias;

l) *Flip-chart*: conjunto de folhas (em branco ou já utilizadas), contendo mensagem elaborada ou por elaborar;

m) **Sucata:** trata-se de qualquer material que não foi produzido para ser utilizado didaticamente; pode ser empregado em construção de maquetes, no ensino de matemática para contagem e classificação;

n) **Texto**: trata-se de redação com propósito determinado e grupo que irá utilizá-lo

o) **Peça Teatral:** consiste de apresentação encenada de uma história pelos alunos; a própria história pode ser escrita pelos estudantes com o objetivo de transmitir uma mensagem;

p) **Gincana**: jogo com regras definidas, em que sai um vencedor e um perdedor de acordo com o que for proposto; pode envolver tarefas as mais diversas, desde seção de perguntas e respostas sobre um tema determinado ou sobre tema livre, solução de problemas, arrecadação de alimentos/produtos para algum fim específico. A Gincana de Matemática consiste apresentar para grupos de alunos uma lista de problemas; o grupo que resolver o maior número de problemas em determinado tempo é o grupo vencedor. A Gincana de Programação consiste em desenvolver o maior número de programas em dada linguagem em determinado tempo.

q) **Quadro Branco (para escrita com pincel):** trata-se de recurso mais utilizado no processo pedagógico, para reforçar a exposição do professor; deve-se evitar textos longos; fazer a distribuição dos dados de acordo com a lógica da aula;.

Portanto, pela quantidade de itens listados, as possibilidades são inúmeras para variar a realização da atividade de aula.

4.2 Tecnologias Dependentes de Recursos Elétrico-eletrônicos

Correndo o risco de rápida desatualização (e já o assumindo) a partir do dia em que a impressão do livro for feita, listamos abaixo algumas tecnologias dependentes de recursos elétrico-eletrônicos, especialmente as digitais. O propósito é que os professores efetuem análises de como a utilização de tais tecnologias podem ser feitas na Educação, de modo que seu uso contribua no desenvolvimento de habilidades específicas dos estudantes que o docente deseja reforçar. Para ilustrar: se o professor deseja desenvolver a capacidade de concisão na comunicação escrita, pode propor para os estudantes a utilização da rede social Twitter, em que a escrita de mensagens (os *tweets*) é feita com até 140 caracteres. Cabe ao professor identificar que tecnologias são apropriadas para os fins que pretende atingir e aplicá-las. A lista apresentada a seguir é extensa.

Dentre as Tecnologias Dependentes de recursos elétrico-eletrônicos citam-se (BARATO, 2002), LEITE *et als*, 2003), (VIEIRA *et als*, 2003), (SANCHO *et als*, 2006), (SIQUEIRA, R., 2007), (BALDIN, 2008), (GIRALDO e CARVALHO, 2008), (DEMO, 2009a), (CARVALHO e IVANOFF, 2010):

1) **Computador:** principal tecnologia para o apoio pedagógico; recebe, armazena e manipula grandes quantidades de informações; quando conectado em rede (e, em especial, à Internet)

possibilita o acesso a bases de dados além-fronteiras e o intercâmbio de informações. É preciso destacar que o computador não funciona sem software: aliás, o que potencializa sua utilidade é exatamente a disponibilidade de programas específicos para a área em que se deseja trabalhar. Não se pode conceber hoje, em qualquer área, um profissional bem formado se não dominar esta tecnologia e se for incapaz de utilizá-la em seu trabalho. Em particular, no ensino, o computador é útil no armazenamento e processamento de grandes volumes de dados, para fazer simulações, projeções; é útil ainda como meio de comunicação de acesso a redes internas (redes locais) e à Internet. A utilização do computador pode ainda ser potencializada com o domínio de linguagens de programação: mesmo que inexista um programa para resolver dado problema específico, com o conhecimento de lógica de programação e de uma linguagem de programação (linguagem Java, linguagem PHP, linguagem C, linguagem C++, ou outra) pode-se, a rigor, resolver qualquer problema solucionável por computador. Cabe destacar que, diante do computador, duas classes de usuários existem: aqueles que utilizam programas existentes para solucionar seus problemas e aqueles capazes de desenvolver programas para solucionar problemas de outrem; estes são os profissionais de computação (bacharéis em Sistemas de Informação e bacharéis em Ciência da Computação). Foge ao escopo deste trabalho descer a minúcias sobre as tecnologias listadas. A literatura sobre computação e suas potencialidades e limitações é extensa.

2) **CD** (*Compact Disc* – disco compacto): meio de armazenamento de arquivos (dados, som); um CD armazena cerca de 700 Mbytes (1 Mbytes = 2^{20} = 1.048.576 bytes (valor exato); 1 byte = 1 caracter). Existem dois tipos: CD-R (CD "virgem" – não regravável) e o CD-RW (regravável). Caminha para o desuso com o surgimento de meios de armazenamento mais compactos e de maior capacidade de armazenamento e maior velocidade de tratamento, como os *pendrives*. É um meio de baixo custo (a unidade custa fração de real). Encontra-se *pendrive* com capacidade de armazenamento de 16 Gbytes (1 Gbytes =

1.073.741.824 bytes (valor exato) = 10^{30} bytes) ao preço de R$ 240,00.

3) **DVD** (*Digital Vídeo Disc* – Disco digital de vídeo): meio de armazenamento de até 4,7 Gbytes. A qualidade de som e imagem é superior ao das fitas de VHS.

4) Internet, com todas as suas possibilidades:

○ **www** (*world wide web* – grande teia de alcance mundial – contém os *sites* – sítios; os *sites* são constituídos de páginas contendo informações organizadas sob a forma de textos, imagens, vídeo e som; a www é certamente a parte mais utilizada da Internet);

○ **Chat**: espaço de comunicação entre usuários para troca de mensagens *em tempo real* (*interação síncrona*); muito utilizado em ambientes virtuais de aprendizagem para interação entre alunos e entre alunos e tutores, em tempo real;

○ **FAQ** (acrônimo de *Frequently Asked Questions* – Perguntas e Respostas mais frequentes): item usual dos *sites* com as perguntas mais frequentes (e suas respostas) feitas pelas pessoas que acessam os acessam. Nos ambientes virtuais de aprendizagem constitui um acervo (banco de dados) valioso contendo as dúvidas dos alunos e as respostas acrescentadas pelos tutores;

○ **Correio Eletrônico**: serviço para envio de mensagens na Internet; exige que o usuário disponha de um endereço eletrônico (e-mail) inscrito em um provedor da Internet. Nos ambientes virtuais de aprendizagem é uma *forma interação assíncrona* entre alunos e tutores. A mensagem é recebida e colocada na caixa de correio do destinatário;

○ **Listas de Discussão**: é um ambiente virtual para troca de mensagens sobre dado tema. As listas são formadas pelos endereços eletrônicos dos participantes. As mensagens enviadas para a lista pelos signatários são recebidas por todos. É uma forma de comunicação valiosa para as turmas de alunos, podendo-se enviar uma mensagem somente para a lista alcançando todos os inscritos. *É uma forma de interação assíncrona.* Há serviços gratuitos para formação de grupos de discussão como o do *Yahoo* e o do *Google,* dentre outros;

○ **Videoconferência**: ferramenta muito utilizada na educação a distância (EAD) para comunicação síncrona. Os equipamentos necessários para viabilizar esta tecnologia são: os computadores (ligados à Internet ou Intranet) ou por satélite; câmera para captação da imagem a ser transmitida, com identificação do participante que está falando; tela ou aparelho de TV que amplia a imagem; painel de controle, por meio do qual o professor ou condutor controla a visão da sala de aula; pelo painel ele pode orientar o foco para um dado aluno; projetor – para exibir documentos, fotos, livros ou quaisquer itens que se queira projetar.

○ *Home Page:* documento eletrônico criado pelo professor (ou outrem) com vínculos (*links*) para outras páginas e *sites* selecionados, que o professor julga adequado indicar para os alunos. Existem serviços de autoria gratuitos para construção/ manutenção de páginas na Internet.

○ **Dicionários e Tradutores Virtuais**: os principais dicionários do País – Houaiss, Aurélio e Michaelis podem ser acessados pela Internet. A Academia Brasileira de Letras permite visualizar a ortografia das palavras do português (www.academia.org.br). Tradutores também estão disponíveis para acesso gratuito.

○ **Bibliotecas virtuais**: as bibliotecas têm caminhado na direção da virtualização (disponibilização do acervo para acesso virtual). Um exemplo de biblioteca de domínio público é o Portal de Periódicos da CAPES – Coordenação de Aperfeiçoamento de Pessoal de Nível Superior; tem-se acesso a artigos em bases de dados e revistas nacionais e internacionais (www.periodicos.capes.gov.br). O Portal Domínio Público permite acesso a obras que tenham caído em domínio público, sem direito a copirraite (www.dominiopublico.gov.br). A Biblioteca Eletrônica Científica Online – SciELO – *Scientific Electronic Library Online*, implementada pela FAPESP (Fundação de Amparo à Pesquisa do Estado de São Paulo, dá acesso a artigos de diversas áreas de conhecimento (reúne países de língua portuguesa e espanhola (www.scielo.org).

o **Bases de imagens e de mapas**: recurso valioso na preparação de conteúdo. Exemplos de servidores de imagens são o *Flick* e o *Picasa*. Servem como fonte de pesquisas, edição e organização de fotos públicas e pessoais. O *Google Maps* é a base de mapas; com ele é possível localizar mapas, desenhar rotas. O *Google Earth* possibilita visitar locais do planeta.

o **Bases de vídeos**: um vídeo expressa uma situação, um evento histórico, algum aspecto cultural que se queira destacar. O *YouTube* (www.youtube.com) é um grande repositório de vídeos, que podem ser recuperados por tema; é possível compartilhar os vídeos próprios.

o **Mensagens instantâneas**: os softwares de troca de mensagens eletrônicas podem ser utilizados para simples comunicação; nos ambientes virtuais de aprendizagem, são úteis, por exemplo, para orientação a distância. São exemplos deste tipo de software: *Windows Live Messenger, Yahoo! Messenger, Skype, Google Talk*.

o **Comunidades virtuais**: a construção de comunidades que tenham interesses comuns é facilitada por ferramentas como o Yahoo! Grupos e o Google Grupos. Uma turma de faculdade pode constituir uma comunidade, já que vão interagir pela vida à fora, compartilhando interesses. Os seguintes recursos estão disponíveis nestes serviços: lista de emails, armazenamento de arquivos, fotos, links, bancos de dados, enquetes, agenda.

○ **Redes de relacionamento**: são sítios cujo objetivo é compartilhar informações, mensagens, interesses. São exemplos de redes de relacionamento: *Facebook, MySpace, Linkedin, Twitter, Hi5.*

○ **Blog**: a palavra é uma contração de *web log* (registro da web, em tradução livre); trata-se de um sítio com uma estrutura especial para atualização imediata, semelhante a um diário; a redação dos artigos (ou *posts*) pode ser feita por uma pessoa ou por um grupo. Os *posts* vão sendo acrescentados na ordem inversa da cronológica. Existem blogs com os mais variados interesses (jornalísticos, literários, esportivos, entretenimento, etc). Exemplos de software para construção de blogs são: *Blogspot, Blogger, Tripod, Word Express*, entre outros.

○ **TV pela Internet**: é um recurso que os portais de TVs abertas utilizam para interação com espectadores em tempo real.

○ *Twitter:* é uma rede social com servidor para armazenar os *posts* – neste caso, são chamados de *tweets* – em até 140 caracteres. Os *tweets* são passados do *site* do serviço, por chamada SMS do celular, por exemplo. Já houve a proposta de criar a *twitteratura*, a tentativa de reescrever obras clássicas em 140 caracteres. A respeito deste serviço, ao qual aderiram muitos jovens para acompanhar seus artistas preferidos, o escritor José Saramago afirmou que, assim, não vai demorar chegar a época em que a comunicação vai dar-se por grunhidos. Escrever com esta limitação no número de caracteres exercita a capacidade de concisão considerável.

○ **Enciclopédias virtuais**: a Wikipédia (www.wikipedia.org) é a enciclopédia virtual de maior sucesso; foi construída a partir da colaboração de pessoas ao redor do mundo, tendo como princípio a confiança nas fontes e nos colaboradores. É uma fonte valiosa para partida de uma pesquisa na Internet, mas não pode ser fonte final porque a informação pode não ser verídica, dada a forma como as colaborações ocorrem. Enciclopédias tradicionais como Barsa e Britânica oferecem acesso gratuito a parte de seu acervo.

o *Wiki* **(colaboração):** os wikis são ferramentas de colaboração, em que o conteúdo de um *site* é construído com a participação de várias pessoas. Um exemplo de ferramenta que oferece este serviço é o Twiki.

5) **Pacotes de software específicos**: programas escritos em linguagens de programação para solução de problemas específicos para os quais foram desenvolvidos. Enquadram-se aqui os editores de texto (MS-Word), as planilhas eletrônicas (MS-Excel), os pacotes gráficos (SmartDraw), os pacotes para gerenciamento de projetos (MS-Project e dot.Project), os pacotes matemáticos/estatísticos e científicos (com MatLab, Mathematica, Maple, SPSS, SAS, e outros), como os pacotes utilizados na engenharia (AutoCAD). Enquadra-se aqui também o elemento que potencializa o computador, estendendo sua utilização para solução de problemas novos – os pacotes de software por desenvolver, não encontrados no mercado. Sua construção exige (normalmente) domínio de lógica de programação e linguagem de programação, como afirmado, e é realizada por profissionais de computação – analistas e programadores. Na área educacional, os programas para controle administrativo das escolas/universidades com a oferta de serviços como matrícula, confecção de histórico, vestibular, e outros, exigem o trabalho de profissionais de computação para sua elaboração;

6) **Rádio:** veículo para disseminação de informações. Pode-se oferecer o serviço via *web*.

7) **Televisão Comercial/Educativa:** com a universalização dos televisores (e mais restritamente com os televisores digitais e os televisores com tecnologia 3D), a utilização de programas específicos (criteriosamente selecionados) das emissoras de TV pode constituir-se em veículo educativo importante

8) **Slide (PowerPoint):** a disponibilização de *slides* (MS-PowerPoint) com o conteúdo de apresentações com uso de

projetores é um recurso valioso, desde que não explorado como única ferramenta, pelo desestímulo da repetição excessiva. Neste minicurso a proposta de uso das tecnologias educacionais é de que seja o mais variado possível, explorando-se cada meio no que ele possibilita de melhor. Com relação à postagem de *slides*, há um serviço oferecido pelo *site* www.slideshare.net que contém apresentações cadastradas (e disponíveis para *download*) sobre os mais variados assuntos, mesmo em português.

9) **Games (Jogos)**: recurso facilitador da aprendizagem, podendo constituir-se em estratégia de ensino adotada pelos professores. Podem ser presenciais ou virtuais, com ou sem a mediação feita por programas de computador, ou simplesmente pelo computador (CARVALHO & IVANOFF, 2010).

O *videogame* ou *game* (jogo) é um jogo eletrônico no qual o jogador interage com imagens exibidas em um televisor ou monitor; a palavra videogame designa o console onde o jogo é processado.

10) **Simuladores virtuais**: os simuladores virtuais mais conhecidos são os utilizados para treinamento de pilotos de avião, em que condições de voo adversas ou críticas são aplicadas, de modo que o piloto aplique os conhecimentos e as técnicas aprendidas teoricamente.

Um simulador muito popular é o *SimCity* que possibilita projetar uma cidade complexa e fazer sua gestão pública, com funções de planejamento, aplicação de leis de trânsito, conflitos sociais e desastres naturais (CARVALHO & IVANOFF, 2010).

11) **Educação a distância**: é um processo educacional em que aluno e professor encontram-se fisicamente separados. A forma mais tradicional era (e ainda é) realizada por meio de material impresso (os cursos por correspondência); esta modalidade funciona com outros meios (rádio, televisão, satélite, telefone). Com a disseminação da Internet e das redes de computadores, estas são as estruturas tecnológicas mais utilizadas, mas que não dispensam outras formas.

12) **E-readers (leitores eletrônicos)**: recebeu o nome *Kindle* o equipamento lançado pela *Amazon Corporation* no final de 2007, com o objetivo de ler livros eletrônicos (*e-books*) e outras mídias digitais, como acessar páginas da Internet. Além de livros eletrônicos, nos Estados Unidos pode-se ler jornais (*New York Times* e *USA Today*), *blogs*; a bateria do equipamento exige recarga depois de cinco dias de uso. O Kindle 2 dispõe de função para transformar texto escrito em texto falado (função *Text-to-Speech*); permite armazenar até 1500 livros; armazena também música (formato MP3). Os autores que liberam seus originais (digitais) para comercialização pela *Amazon* ficarão com 70% do valor vendido, o que constitui um atrativo enorme para os autores; os contratos das editoras estabelecem normalmente para edições de 3000 exemplares 10% do valor de capa. O equipamento ainda é caro (em torno de 259 dólares), mas, como ocorre com a economia digital este preço alto não vai demorar para cair. No Natal de 2009 a *Amazon* vendeu mais livros para o *Kindle* do que livros impressos (www.amazon.com).

13) **Fotografia digital**: fotografia tirada com câmera digital ou cm telefone celular. Não há necessidade de revelação, pois é salva em arquivo que pode ser tratado por computador.

14) **Telefone Celular**: aparelho de comunicação por ondas eletromagnéticas. É usado em adição à função de comunicação, para enviar SMS (mensagem curta), tirar fotos, filmar, despertar, gravar lembretes, jogar, ouvir música, funcionar como GPS, possibilitar leitura de *e-books* e videoconferência. *Smartphone* (telefone inteligente) é o celular com funcionalidades estendidas por meio de programas executados por seu sistema operacional; estes programas, chamados *apps* (forma abreviada de *applications*) estendem extraordinariamente a capacidade do celular para executar aplicativos diversos, como um computador qualquer ligado à internet. Os aplicativos ficam agrupados em lojas online como *App Store, Windows Store e Google Play*. A utilização do *smartphone* no ensino se impõe, pela potencialidade dos aplicativos e levando em conta seu uso disseminado entre os estudantes.

Dentre os aplicativos para celular, o *WhatsApp Messenger* é o mais disseminado para troca de mensagens instantâneas e chamadas de voz para smartphones. Roda em várias plataformas. Dados que podem ser enviados: texto, imagem, vídeo, áudio. Os números do *WhatsApp* são expressivos: em fevereiro de 2016 atingiu 1 bilhão de usuários; em junho de 2013 eram 250 milhões de usuários ativos e cerca de 25 bilhões de mensagens eram trocadas por dia.

Pode ser instalado em celular com os seguintes sistemas operacionais: Android, Windows Phone, BlackBerry OS e outros. A partir de 2015 o aplicativo passou a poder ser utilizado em computador, por meio do Google Chrome e Mozilla Firefox.

15) **Produção de filmes**: com a tecnologia de filmagem disponível, não se pode descartar a possibilidade de produzir pequenos filmes educativos.

16) **Produção de software**: com o domínio de lógica de programação e de uma linguagem de programação, pode-se considerar a tarefa de desenvolver aplicações educacionais sob medida.

17) **Hipertexto**: trata-se do conteúdo digital no formato multimídia, quando interconectado. A *www* é um exemplo de hipertexto. O hipertexto possibilita navegação fácil pelo conteúdo, esteja ele em texto, som, vídeo, imagem. A rede formada para interligar estes diferentes artefatos exige um sistema com base em tecnologias de informação para gerência dos conteúdos interligados.

18) **i-Pad**: equipamento lançado pela Apple em janeiro de 2010; o equipamento fica situado entre o *notebook* e o *smartPhone*; toda a navegação é com os dedos, em tela *Multi-Touch* de 9,7 polegadas, especial para assistir vídeos. Seu peso é de 680 gramas; a bateria garante 10 horas de vídeo; três versões estão disponíveis: com 16, 32 e 64 Mbytes. Permite a preparação de apresentações, documentos, planilhas, gráficos e tabelas. Ainda não foi lançado no Brasil em razão de problemas com o registro do nome do produto no INPI (Instituto Nacional de Propriedade Industrial) (www.apple.com).

As possibilidades educacionais destas tecnologias são inúmeras.

Como mostrado, a quantidade e a variedade de tecnologias disponíveis é muito grande. Mais e mais conteúdo é posto à disposição dos interessados. Diz-se até que conteúdo virou "*commodity*", querendo dizer que se trata de mercadoria de pouco valor. Haja vista o projeto do Google, realizado em parceria com universidades americanas e inglesas, de digitalizar o acervo bibliográfico e permitir o acesso para consulta com os engenhos de busca da empresa. A **Revista Veja** digitalizou todas as suas edições, desde a primeira, que é de 1968.

Diante da profusão de dados, maior a necessidade de a escola enfatizar a leitura crítica dos meios de comunicação e mais aguçada a capacidade de análise e de tratamento dos volumosos dados disponíveis, de saber pensar e ser capaz de "separar o joio do trigo". Esta é mais uma exigência da qual a educação deve dar conta (LEITE *et als*, 2003).

4.3 Ambientes Virtuais de Aprendizagem

A construção e a disponibilização de ambientes virtuais de aprendizagem aumentaram muito nos últimos anos, possibilitados pela revolução das redes de computadores e da multimídia, tornando realidade a aprendizagem *on-line* (KOMOSINSKI, 2000), (CAMPOS *et als,* 2003) (PALLOFF e PRATT, 2004). Ambientes brasileiros, como *Teleduc, Aulanet, WebCT* têm sido implantados e utilizados em muitos lugares. O Sistema *Moodle*, desenvolvido pela *Curtin University of Tecnology* da Austrália tem tido disseminação em muitos países. Mesmo na área de Educação Matemática especificamente, a construção de ambientes virtuais tem sido feita. Um exemplo é o Centro Virtual de Modelagem (CVM), proposto e implementado por Marcelo de Carvalho Borba (BORBA, 2005), (BORBA e MALHEIROS, 2007), (BORBA, MALHEIROS e ZULATTO, 2008).

Vários contextos negativos são apontados para a educação a distância – EAD (DEMO, 2006, p. 101-102):

1) a possibilidade de fraude quando o controle não for efetivo;

2) o risco de aprimoramento do instrucionismo (aulas reprodutivas);

3) a venda da ideia de facilitar a obtenção de diplomas e certificados, com a negligência da qualidade educativa;

4) educar exige presença; EAD deve garantir alguma forma de contato pedagógico;

5) o isolacionismo pode ocorrer, impedindo os contatos socializadores que os cursos presenciais apresentam;

6) o fortalecimento de autodidatismo excessivo, visto que o aluno pode aprender sozinho, com dispensa de professor ou tutor.

Um aspecto extremamente importante da EAD é a possibilidade de se poder estudar a qualquer hora, em qualquer lugar e em qualquer idade (DEMO, 2006). Esta é uma característica própria do tempo presente que os avanços tecnológicos trouxeram.

Dentre os ambientes mais utilizados para elaboração e utilização de cursos a distância, destaca-se o Moodle: é um ambiente para aprendizagem colaborativa, idealizado por Martin Dougiamas. É disponibilizado gratuitamente nos padrões da licença GNU (*General Public License* – Licença Pública Geral), para software livre. O ambiente Moodle permite a criação de cursos on-line, com utilização em cursos a distância, como também pode ser empregado como ferramenta auxiliar em cursos presenciais.

Moodle é um acrônimo para *Modular Object-Oriented Dynamic Learning Environment* (ambiente de aprendizagem dinâmico modular orientado a objtos); consiste de um pacote de software para a elaboração de cursos e sítios na Internet. O ambiente pode ser instalado em qualquer computador que execute a linguagem de programação PHP e possa rodar um banco de dados do tipo SQL, como o Mysql, e um servidor web, como o Apache. O software é compatível com os sistemas operacionais Windows e muitas distribuições Linux, como a Ubuntu.

As principais características do Moodle são:

1) a administração do sítio é feita por um usuário administrador, definido durante a instalação;

2) a administração do curso é realizada por um professor, com controle sobre todos os parâmetros do curso.

Listamos a seguir algumas funcionalidades disponibilizadas por módulos:

1) módulo tarefa: as tarefas podem ser criadas com uma data de cum-primento;

2) módulo chat: possibilita interação por meio de texto de forma síncrona;

3) módulo fórum: alguns fóruns estão disponíveis aos usuários registrados: reservado aos professores, fórum para uso geral, fórum com ações limitadas, por exemplo;

4) módulo recursos: possibilita acesso a qualquer conteúdo eletrônico (documentos, PowerPoint, som, vídeo, etc.).

O próximo Capítulo descreve resumidamente (e tecnicamente) as Tecnologias de Informação e Comunicação (ou Tecnologias Digitais).

5. TECNOLOGIAS DA INFORMAÇÃO E COMUNICAÇÃO (TIC[10]): UMA SOBREVISTA[11]

5.1 Conceituação

Nesta conceituação das TIC, o início se dará pela conceituação da Tecnologia de Informação. Posteriormente, a parte de Comunicação será acrescida. Até historicamente, foi assim que os avanços ocorreram, e levaram à convergência atual.

Tecnologia da Informação (TI) diz respeito aos recursos de informação de uma organização qualquer, seus usuários e a gerência que os supervisiona. Neste sentido, a TI inclui a infraestrutura necessária e todos os sistemas de informação existentes (TURBAN *et als*, 2005). Há, porém, um sentido mais restrito da Tecnologia da Informação: neste, indica o mesmo que sistema de informação.

Cabe, aqui, então conceituar sistema de informação. Laudon e Laudon (2007) definem sistema de informação como "um conjunto de componentes inter-relacionados que coleta (ou recupera), processa, armazena e distribui informações destinadas a apoiar a tomada de decisões, a coordenação e o controle de uma organização". Adicionalmente, os sistemas de informação oferecem subsídios para análise de problemas ao pessoal envolvido com sua operação.

Dentre as funções típicas que um sistema de informação executa podem ser relacionados: processamento de dados, classificação e recuperação de informações, organização/ arrumação de informações e execução de cálculos.

---

[10] TIC – preferimos a sigla TD – Tecnologias Digitais que, genericamente, designa todas as tecnologias de informação e comunicação.

[11] Texto elaborado com base em: FURTADO, A. B. *Avaliação do Uso de Tecnologias Digitais no Apoio ao Processo de Modelagem Matemática*. 2014. 186f. Tese (Doutorado em Educação em Ciências e Matemáticas) – Instituto de Educação Matemática e Científica, Universidade Federal do Pará, Belém (PA).

Não se pode ignorar que o sistema de informação, como modelo representativo da empresa, sofre as interferências a que a empresa está sujeita: dos seus clientes, de seus concorrentes, dos fornecedores, dos acionistas e dos órgãos governamentais e agências reguladoras. Potencialmente, estes elementos que compõem o ambiente em que a empresa está localizada podem determinar modificações na forma de operação do seu sistema de informação.

O sistema de informação de uma empresa proporciona, de uma ou de outra forma, a elaboração das informações necessárias para que os vários escalões administrativos desincumbam-se de suas tarefas. A produção de informação necessária à tomada de decisão pode ser breve ou demorada. Quanto mais rapidamente a informação necessária puder ser produzida (ou obtida), melhor para a empresa, pois ela poderá dar respostas mais rápidas às suas demandas. A presteza e a qualidade da informação produzida são fundamentais para que decisões corretas e oportunas sejam tomadas (FURTADO e COSTA JR, 2010).

A correção da decisão é seriamente prejudicada se a informação não estiver disponível em tempo hábil, ou se for incorreta. Busca-se, então, que os sistemas de informação forneçam informação de boa qualidade, consequentemente, melhoram-se as decisões tomadas na empresa, maximizando-se, assim, seus resultados.

Retomando a definição de Turban para TI apresentada acima: TI inclui a infraestrutura necessária e todos os sistemas de informação existentes. A infraestrutura "consiste nas instalações físicas, componentes da TI, serviços da TI e da gerência da TI que oferece suporte à organização Os componentes da TI abrangem o hardware, software e tecnologias de comunicações,

---

[12] Texto elaborado com base em: FURTADO, A. B. *Avaliação do Uso de Tecnologias Digitais no Apoio ao Processo de Modelagem Matemática*. 2014. 186f. Tese (Doutorado em Educação em Ciências e Matemáticas) – Instituto de Educação Matemática e Científica, Universidade Federal do Pará, Belém (PA).

que são usados pelo pessoal de TI para produzir os serviços da TI" (TURBAN *et als*, 2005).

Quando se incorpora à TI a parte de comunicação, tem-se o que se chama Tecnologias da Informação e Comunicação (TIC).

5.2 Infraestrutura das TIC

As TIC exigem uma infraestrutura mínima para sua utilização. Os componentes desta infraestrutura são: os portais, as comunicações sem fio, telecomunicações e redes, software, hardware, bancos de dados, arquivos e *data warehouse*. Fazem parte da infraestrutura ainda os seguintes de TI: a estrutura de desenvolvimento de sistemas, a gestão de segurança e de riscos e a gestão de dados.

A classificação dos Sistemas de Informação, proposta em (TURBAN *et als*, 2005), é mostrada na Figura 4. Na base da pirâmide encontram-se os sistemas pessoais e de produtividade (*Personal and Productivity Systems*), relacionados ao nível operacional da empresa. Acima, aparecem os sistemas de processamento de transações (*Transaction Processing Systems*), encarregados de controlar as transações realizadas no nível operacional da empresa. Por exemplo, incluem-se aqui as aplicações de controle de estoque, contabilidade, folha de pagamento. Um nível acima, aparecem os sistemas de informação funcionais e gerenciais (*Functional and Management Information Systems*); estes sistemas fornecem suporte ao nível gerencial com informações consolidadas, saídas gráficas para análise e projeções. Em seguida, aparecem os sistemas empresariais (integrados) – *enterprise systems (integrated)*; depois, os sistemas interorganizacionais (*Interorganizational systems*). No caso de conglomerados de empresas, estes sistemas encarregam-se de integrar os sistemas das empresas componentes. Os sistemas globais abrangem os conglomerados. Por fim, os sistemas muito grandes e especiais (*Very large and special systems*), no ápice da pirâmide, à disposição do alto escalão da empresa, que visam oferecer ao escalão estratégico as informações necessárias para a formulação de diretrizes para a empresa.

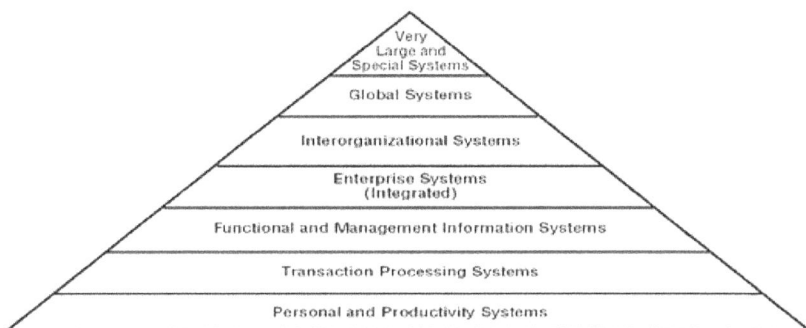

Figura 4. Classificação de Sistemas de Informação (TURBAN *et als*, 2005).

5.3 Comunicação

As Tecnologias de Comunicação são classificadas como síncronas e assíncronas. As tecnologias síncronas (tempo real) exigem que os participantes estejam conectados para a interação. É o caso, por exemplo, da videoconferência, das mensagens instantâneas, dos *chats*, do telefone, dentre outras. As tecnologias assíncronas não apresentam a exigência de tempo real. É o caso do correio eletrônico, dos *blogs*, entre outros. O Quadro 14 lista as tecnologias associadas à internet, classificando-as como síncronas (em tempo real) e assíncronas.

Quadro 14. Tecnologias: Síncrona X Assíncrona

TECNOLOGIA SÍNCRONA	TECNOLOGIA ASSÍNCRONA
Chat	www
Videoconferência	FAQ
Mensagem instantânea	Correio eletrônico
Telefone	Lista de discussão
	Home Page
	Comunidade virtual
	Rede de relacionamento
	Blog
	Twitter

CAPÍTULO 6: EDUCAÇÃO E TECNOLOGIA[12]

Vivemos um momento da história da humanidade caracterizado por avanços tecnológicos frequentes. A tecnologia revoluciona as empresas, os negócios, o lar, o lazer, está disponível para o homem em todos os aspectos da sua vida. Por que haveria de ser diferente com a área de Educação? Alguém pode conceber realmente a Educação apartada da Tecnologia hoje, e mais ainda no tempo que está por vir? Há quem conceba assim. Vamos verificar seus argumentos. Tentar identificar em que situações a tecnologia pode constituir-se obstáculo à aprendizagem.

Cabe-nos, neste Capítulo, analisar as potencialidades e as restrições da utilização das Tecnologias Digitais na Educação.

6.1 Potencialidades das Tecnologias Digitais na Educação

É consenso a importância que as Tecnologias Digitais exercem na sociedade moderna, afetando positivamente governos e empresas de modo geral, no sentido de alcance de seus objetivos. Como tal, a área de Educação não pode ignorar este fato, já que lhe cabe preparar o cidadão para sua inserção produtiva na sociedade. A questão que se coloca é em que medida e como a Educação pode apropriar-se do recurso tecnológico, fazendo com que a Tecnologia seja uma aliada ao ensino e garantidora de maior aprendizagem por parte dos estudantes.

Uma característica do desenvolvimento tecnológico mundial é a disponibilização de produtos diferentes, buscando-se atingir nichos particulares de clientes, com o lançamento de produtos novos, em períodos de tempo cada vez mais curtos.

---

[12]Texto elaborado com base em: FURTADO, A. B. *Avaliação do Uso de Tecnologias Digitais no Apoio ao Processo de Modelagem Matemática*. 2014. 186f. Tese (Doutorado em Educação em Ciências e Matemáticas) – Instituto de Educação Matemática e Científica, Universidade Federal do Pará, Belém (PA).

De certa forma, a obsolescência dos artefatos tecnológicos é programada: os clientes não conseguem acompanhar a evolução dos produtos. É uma corrida perdida esta a da atualização tecnológica, mas inevitável de ser buscada pelos diferentes agentes da sociedade.

Por outro lado, há duas questões a considerar sobre a atualização tecnológica: o preço de lançamento de produtos, em geral alto, mas com perspectiva de redução com o aumento das vendas e com o lançamento de novas versões dos artefatos; outra questão é a necessidade de conhecimentos específicos para a disseminação com vista à utilização da nova tecnologia (KENSKI, 2007).

Para dar conta das exigências da atualização tecnológica, é necessário aprendizagem permanente. A cada nova tecnologia lançada, novas exigências de aprendizado são impostas para sua absorção e utilização. Este processo é inevitável, inescapável, contínuo. Ninguém pode deitar-se sobre um conhecimento tecnológico e achar que vai permanecer com ele sequer por um lustre.

Carr (2003), em ensaio publicado na revista *Harvard Business Review*, artigo intitulado *IT Doesn´t Matter* ("TI não importa mais"), afirma que Tecnologia de Informação (TI) se tornou *commodity* (mercadoria) como eletricidade ou qualquer outra utilidade. Como seu uso se generalizou (em decorrência, principalmente, de preços acessíveis), deixou de ter importância estratégica e de constituir agente diferenciador para as organizações. Este artigo foi expandido no livro *Será que TI é tudo? Repensando o papel da tecnologia da informação*, em que Carr (2009) detalha sua análise e aprecia a crítica gerada a partir do artigo.

Seguindo a mesma linha de pensamento, pode-se falar também que o conteúdo dos programas escolares se tornou menos relevante em face das Tecnologias Digitais. Podem-se fazer buscas na internet, a rigor, sobre qualquer assunto, com chance de localizar variadas fontes, a despeito da inevitável necessidade de capacidade de saber separar "o joio do trigo", ou seja, saber identificar as fontes idôneas, confiáveis, das que não são. Pois, uma coisa é ser capaz de "encontrar" um "fato" por meio de um engenho de busca (como o Google); outra coisa muito diferente é encontrar os "fatos" mais relevantes, analisá-los e determinar sua relevância para cumprir dada tarefa, sintetizar sua importância e compartilhar os resultados com outros. No primeiro caso, demonstra-se familiaridade com dada ferramenta, no segundo, ocorre aprendizado de fato (TRUCANO, 2013).

Entretanto, o acesso ao conteúdo não é suficiente se não houver a capacidade de análise, de crítica, de argumentação e de contra-argumentação, de colaboração com outros, de elaboração própria, como já ressaltado.

Aqui lembramos as teorias propostas por Tikhomirov (1981) sobre o uso do computador – a Teoria da Substituição (o computador substitui o homem), a Teoria da Suplementação (o computador suplementa o homem no processamento da informação, fazendo-o com aumento do volume e de velocidade de processamento) e, em especial, a Teoria da Reorganização (o computador reorganiza a forma como o homem processa a informação, impactando a busca de informações, o armazenamento, a forma como o homem se comunica e como se relaciona com os outros homens). Com base nesta última teoria, se consideramos passar a utilizar as tecnologias digitais, inevitável que mudemos nossas práticas, para explorar apropriadamente estes recursos de forma plena.

Com respeito ao caráter transformador das Tecnologias Digitais, Sancho (2006, p. 16-17) aponta três efeitos que ocorrem invariavelmente: 1) "alteram a estrutura de interesses (as coisas em que pensamos)", impactando, consequentemente, a avaliação do que relevamos como importante, prioritário, ou obsoleto; 2) "mudam o caráter dos símbolos (as coisas com as quais pensamos)", pois quando fazemos operações simples pela primeira vez vamos mudando a estrutura psicológica do processo de memória, ampliando-a; isto ocorreu com "o desenvolvimento dos sistemas de escrita, numeração, etc.", permitindo incorporar estímulos artificiais ou autogerados; as Tecnologias Digitais ampliaram "este repertório de signos" e "também os sistemas de armazenamento, gestão e acesso à informação", aumentando o conhecimento público; 3) "modificam a natureza da comunidade (a área em que se desenvolve o pensamento)", pois para muitos esta área é o ciberespaço, o mundo conhecido e o virtual, mesmo que as pessoas não saiam de casa e não tenham relaciona-mentos físicos com ninguém.

As principais potencialidades das Tecnologias Digitais são a capacidade de realizar simulações, a criação de realidades virtuais, as facilidades de comunicação, inclusive, com a possibi-lidade de telepresença, viabilizando a concretização de projetos cooperativos entre pessoas participando de locais diferentes, mesmo países e continentes diferentes. Estas potenciali-dades quando exploradas satisfatoriamente podem servir de base para um novo momento no processo educativo. Desta forma,

> o fluxo de interações nas redes e a construção, a troca e o uso colaborativos de informações mostram a necessidade de construção de novas estruturas educacionais que não sejam apenas a formação fechada, hierárquica e em massa como a que está estabelecida nos sistemas educacionais. (KENSKI, 2007, p. 48).

As novas tecnologias digitais também modificam a relação entre mestres e estudantes, concedendo mais protagonismo aos educandos (COSTA, 2013).

Para explorar adequadamente estas potencialidades, uma metodologia de ensino diferente daquela que tem sua base no livro-texto e em anotações é exigida. Area (2007, p. 168) assevera que

> a inovação tecnológica, se não é acom-panhada pela inovação pedagógica e por um projeto educativo, representará uma mera mudança superficial dos recursos escolares, mas não alterará substancialmente a natureza das práticas culturais nas escolas. O impor-tante, por conseguinte, não é encher as aulas de novos aparelhos, mas transformar as formas e conteúdos do que se ensina e aprende. É dotar de novo sentido e significado pedagógico a educação oferecida nas escolas.

A inovação pedagógica defendida por Area (2007) pressu-põe rever as práticas adotadas para acomodar o uso da tecnologia, de modo que se assegure ganho de aprendizagem, em especial por favorecer-se da motivação do estudante que o uso de recurso tecnológico normalmente proporciona. Novas tecnologias exigem novas pedagogias, pedagogias apropriadas.

As potencialidades das Tecnologias Digitais citadas po-dem favorecer o desenvolvimento das habilidades cognitivas dos educandos. Dentre as metas de aprendizagem que se busca alcançar, mesmo sem recursos tecnológicos, as seguintes são relacionadas, mas, ressalte-se, com o uso das Tecnologias Di-gitais elas são potencializadas (Siqueira, 2007, p. 186):

> **Habilidades de processamento da informa-ção**: localizar e coletar informação relevante, ordenar, classificar, sequenciar, comparar e contrastar, analisar relações tipo parte/todo.
>
> **Habilidades de raciocínio**: poder explicar as razões de suas opiniões e ações, tirar inferên-cias e fazer deduções, usar linguagem precisa para justificar seu pensamento e fazer julgamen-tos apoiados em evidências e justificativas.
>
> **Habilidades de inquirição**: saber fazer per-guntas relevantes, colocar e definir problemas, planejar procedimentos e investigações, prever possíveis resultados e antecipar consequên-cias, testar conclusões e aperfeiçoar ideias.
>
> **Habilidades de pensamento criativo**: gerar e estender ideias, sugerir hipóte-ses, aplicar a imaginação e procurar resultados inovadores alternativos.
>
> **Habilidades avaliativas**: saber avaliar informação e julgar o valor do que lê, es-cuta e faz; desenvolver critérios para a apreciação crítica de seu próprio tra-balho e de outros e ter confiança nos seus julgamentos.

Podemos acrescentar à lista de habilidades de processamento da informação acima a descoberta de generalizações/ especializações pertinentes à área de conhecimento em estudo. Esta lista apresenta a localização e a coleta de informação relevante: os critérios para a identificação de fontes e informações relevantes são instrumentos valiosos que o educador deve buscar aguçar nos educandos. Como afirmado, com a internet (e com as tecnologias digitais, de modo geral), conteúdo tornou-se *commodity* (mercadoria) disponível gratuitamente. A questão persistente é a exigência de capacidade de descobrir fontes seguras e informações relevantes. Partindo deste manancial enorme de conhecimento, pode-se desenvolver a capacidade de elaboração própria de conteúdo, explorando múltiplas formas de expressão (palavra, imagem, hipertexto, som).

O conjunto de habilidades acima constitui um receituário a ser exercitado pelos educandos no desenvolvimento de suas atividades escolares e acadêmicas e, como já posto, necessárias para dar conta das três competências apontadas por Gómez (2013) e mencionadas no capítulo anterior, em especial, o "aprender a aprender".

Em vista da disponibilidade inevitável da tecnologia na vida atual e, doravante, dever-se-ia acrescentar ainda as seguintes habilidades: capacidade de absorver, de disseminar e de avaliar recursos tecnológicos em busca de aplicá-las nas atividades normais, para redução de tempo de execução de tarefas ou para economia de quaisquer recursos envolvidos.

Sem falar do preço atrativo, uma característica predominante da tecnologia é a facilidade de uso, com a disponibilidade de interfaces mais intuitivas, que dispensam a necessidade de manuais de instruções extensos.

Dentre as tecnologias digitais, o hipertexto e a multimídia interativa são úteis para uso educativo, em particular por possibilitar o envolvimento do educando na aprendizagem e por favorecer a exploração lúdica e não linear de conteúdos. O uso destas tecnologias está em consonância com a pedagogia que prega a participação do estudante como condutor ativo no processo de sua aprendizagem.

Outro recurso valioso que as tecnologias digitais proporcionam é o trabalho colaborativo (na terminologia de computação, *groupware*). Os participantes não precisam comunicar-se em tempo real e podem estar dispersos geograficamente. Esta forma de interação tem potencial enorme ainda não explorado adequadamente na Educação, pelo seu caráter atemporal e ao mesmo tempo temporal, com expansão e disponibilidade ilimitada. Como pressupostos da pedagogia moderna, a postura mediadora do professor, focada nas necessidades dos educandos, pode contar com este aliado – o *groupware* – para favorecer a aprendi-zagem colaborativa, em que se pode contar com a interação professor-estudante e também com a interação estudante-estudante.

Com a construção de artefatos de software apropriados, o recurso da simulação pode vir a consolidar-se como instrumento valioso de aprendizagem, pela possibilidade de experimentação, em especial nas situações em que riscos de acidentes poderiam ocorrer ou naquelas em que os custos exigidos para a realização das experiências seriam proibitivos. Os recursos de simulação existentes hoje em certas áreas industriais, como os simuladores para treinamento de pilotos de aeronaves e de navios, permitem vislumbrar seu uso na Educação, inevitavelmente. Com respeito à construção de modelos no computador, simulando algum artefato que se deseja, Lévy (1993, p. 123) afirma que

> (...) os longos e custosos processos de tentativa e erro necessários para o desenvolvimento de instalações técnicas, de novas moléculas ou de arranjos financeiros podem ser parcialmente transferidos para o modelo, com todos os ganhos de tempo e benefícios de custo que podemos imaginar. Mas o que nos interessa aqui é, em primeiro lugar, o benefício cognitivo. A manipulação dos parâmetros e a simulação de todas as circunstâncias possíveis dão ao usuário do programa uma espécie de intuição sobre as relações de causa e efeito presentes no modelo. Ele adquire um *co-*

nhecimento por simulação do sistema mode-lado, que não se assemelha nem a um conhe-cimento teórico, nem a uma experiência práti-ca, nem ao acú-mulo de uma tradição oral.

Com a simulação em computador, adquirimos uma nova faculdade – a faculdade de imaginar – pois com simples toques em uma tela, podemos dar vazão à nossa imaginação. Por isso, Lévy (*op. cit.*) diz que a simulação é a imaginação assistida por computador, potencializando a aprendizagem de forma indiscutível. E acrescenta que a simulação proporciona um aumento dos poderes da imaginação, aguçando e fortalecendo a intuição.

Há uma característica presente nas tecnologias intelectuais: são resultantes de um feixe de outras tecnologias agregadas. Cada nova tecnologia agregada tem o potencial de modificar o uso daquela. Por isso, uma tecnologia intelectual não é produto imutável com significado sempre idêntico. Lévy (1993) exemplifica com o processamento de texto em um computador: cada um já é uma tecnologia em si. Junte-se a outras tecnologias: a escrita, o alfabeto, a impressão. Associe-se com a impressão a laser, os bancos de dados, a disponibilização do texto na internet. Uma tecnologia por ser criada pode incorporar-se, de alguma forma, para acrescentar novas possibilidades ao processamento de textos.

Outra característica das tecnologias intelectuais: cada ator pode definir e atribuir um novo sentido a elas, modificando-as em vista de algum interesse particular. É o que se diz enquadrar-se nas "leis das consequências imprevisíveis": uma tecnologia inicialmente criada para um propósito acaba por encontrar aplicação inesperada em outras áreas. A história da ciência está repleta destes casos. Por exemplo, o microprocessador foi criado originariamente em projeto de mísseis; a origem da internet está ligada à preservação descentralizada de dados militares: a interligação dos computadores impediria que um posto fora do ar afetasse a disponibilização dos segredos militares.

A respeito dos papéis mútuos do visual e do simbólico, Tall (2009) exemplifica com o problema de dividir três pizzas entre quatro pessoas: cortam-se duas pela metade e dá uma metade para cada; a pizza restante divide-se em quatro partes e dá-se um quarto para cada. Visualmente, podem-se ver cada pessoa com três quartos de uma pizza. A ação de dividir três por quatro pode ser expressa simbolicamente como uma fração. A concepção visual favorece uma visão prática da tarefa, a concepção simbólica somente começa a fazer sentido após uma longa compressão mental por meio de contagem de números, compartilhamento e frações equivalentes. Estes dois aspectos da mesma ideia tipificam como o visual pode possibilitar uma ideia global, holística em matemática enquanto o simbólico produz um método sequencial, operacional capaz de grande poder computacional. Porém, nem sempre os dois casam facilmente. Neste contexto, Tall (*op. cit.*, p. 14) assevera:

> It is here that the computer can be of vital assistance, suitably supported by guidance from the teacher as mentor. Because the computer is able to carry out the algorithms to enable visual manipulation and symbolic manipulation, it is possible to allow the learner to focus on specific aspects of importance whilst the computer carries out the algorithms implicitly. This provides what I have termed, somewhat grandiosely, as the *principle of selective construction*. It allows the learner to obtain an overall holistic grasp of ideas either before, or at the same time as studying the related symbolic procedures that were traditionally the first things to be studied and practiced by the learner, enabling the growing individual to gain a new equilibrium with mathematical ideas in a new technological age. It is not a universal panacea, for different individuals have different ways of coping with the mathematical world, but it offers different kinds of experiences which can be supportive to a wide spectrum of approaches.

É aqui que o computador pode ser de vital ajuda, convenientemente apoiado pela orientação de um professor como mentor. Porque o computador é capaz de executar os algoritmos que possibilitam a manipulação visual e a manipulação simbólica, é possível permitir que o estudante focalize em aspectos específicos de importância, enquanto o computador executa os algoritmos implicitamente. Isto provê o que eu chamo, um tanto pomposamente, como o princípio de construção seletiva. Possibilita ao estudante obter um domínio holístico completo de ideias antes ou ao mesmo tempo em que estuda os procedimentos simbólicos relacionados que seriam tradicionalmente as primeiras coisas a serem estudadas e praticadas por ele, possibilitando-lhe o crescimento individual para ganhar um novo equilíbrio com ideias matemáticas em uma nova era tecnológica. Não é uma panaceia universal, para diferentes indivíduos terem diferentes maneiras de tratar o mundo matemático, mas oferece diferentes tipos de experiências que podem constituir base para um amplo espectro de abordagens (nossa tradução).

Mas há outra face da utilização da tecnologia a ser analisada, em especial para uso educativo: as possíveis restrições existentes. É o que será abordado na seção seguinte.

6.2 Restrições da Utilização de Tecnologias Digitais na Educação

Como afirmado no primeiro Capítulo, há críticos dos resultados aferidos em termos de aprendizagem com a utilização de computadores. No artigo citado, os demais autores chegam a endossar explicitamente o trabalho de Tom Dwyer (autor que encabeça a autoria), em que ele conclui que, em certos casos, a introdução de computadores chega a estar associada à redução da qualidade de ensino.

Area (2006, p. 164) reporta estudos com base na história e na evolução da tecnologia no ensino, em que é perceptível um padrão que se repete quando se pretende incorporar um meio ou tecnologia novos no ensino: expectativas exageradas são criadas de que este novo recurso inovará o ensino e a aprendizagem. Algum tempo depois da aplicação nas escolas, percebe-se que o impacto ficou longe do que se apregoava de início, por conta dos mesmos fatores de sempre: "falta de meios suficientes, burocracia, preparação insatisfatória dos professores". Isto aconteceu com o rádio, com a TV, com o vídeo, com o projetor multimídia, e com o computador (*desktop*, *notebook*, *netbook*, e brevemente poderemos incluir os tabletes nesta lista, também). Observa-se, como consequência, que "os professores mantêm suas rotinas tradicionais apoiadas basicamente nas tecnologias impressas".

Além disso, podem-se apontar outros fatores que afetam o uso das Tecnologias Digitais nas escolas: a disponibilidade de equipamentos em número suficiente para todos os estudantes, levando-se a montar laboratórios de informática, local onde os equipamentos são mantidos inacessíveis aos estudantes, salvo em ocasiões especiais – quando ocorrem as aulas de informática – em que é ensinado o uso de processadores de texto, de sistemas operacionais, o acesso à internet e a outros programas. Inescapavelmente, nada a ver com as outras disciplinas que os educandos estudam.

Este problema ainda é agravado pela inexistência de forma de suporte e manutenção de hardware e software, que garanta que a plataforma computacional esteja toda disponível quando estas atividades esporádicas são programadas. Não raro inexiste software educativo apropriado para cada disciplina específica. Isto se alia ao fato de os professores não receberem treinamento adequado que lhes permitam adequar os recursos computacionais a suas práticas docentes.

Area (2006) sintetiza assim a série de fatores que incidem no sucesso ou fracasso dos projetos para incorporar pedagogicamente novas tecnologias ao ensino:

- A existência de um projeto institucional que impulsione e avalize a inovação educativa utilizando tecnologias informáticas.
- A dotação suficiente e adequada da infra-estrutura e recursos informáticos nas escolas e salas de aula.
- A formação dos professores e a predisposição favorável deles com relação às TIC.
- A disponibilidade de variados e abundantes materiais didáticos ou curriculares de natureza digital.
- A existência de condições e cultura organizativas nas escolas que apoie e impulsione a inovação baseada no uso pedagógico das TIC.
- A configuração de equipes externas de apoio aos professores e às escolas destinadas a coordenar projetos e facilitar soluções para os problemas práticos. (*op. cit*, p. 166)

A introdução de novas tecnologias realmente deve ser feita obedecendo a projeto institucional (e depois de implantado, deve transformar-se em operação contínua) que contemple criteriosa escolha das tecnologias, amplo programa de treinamento para absorção e domínio tecnológico e retaguarda para suporte em casos de possíveis dificuldades de uso. Tanto quanto possível, a utilização da tecnologia deve ser organizada de modo a dispensar terceiros (técnicos, por exemplo): ou seja, o docente, sozinho, com pouco esforço, sem perda de tempo, deve dar conta do que for necessário para a utilização. Este tem sido o caminho inexorável da informatização: a possibilidade de usar a tecnologia digital sem necessidade de conhecimento técnico, dispensando a presença de especialista para o manuseio. Aqui, para ilustrar providência básica que elimina a perda de tempo precioso: computador e projetor já instalado em cada sala de aula, de modo que o professor apenas conecte seu *pendrive* com o material de sua aula ou então seu *notebook*. Citamos este conjunto porque é o mínimo de recurso tecnológico que cada sala de aula deveria ter. Da mesma forma, no tocante à infraestrutura suficiente e adequada referida por Área (2006), é inescapável hoje *wireless* e tomadas em número suficiente para a capacidade da sala. Outro aspecto a ser considerado é a necessidade de desenvolvimento de materiais didáticos digitais, haja vista a carência de artefatos que explorem todos os conteúdos dos programas escolares, como também as potencialidades das tecnologias. Nesta direção, o MEC incluiu no Programa Nacional do Livro Didático para 2014 a exigência de que as editoras elaborem versões digitais de seus livros, não limitados à cópia do livro impresso, mas com a disponibilização de vídeos, jogos, simuladores, fotos, associados aos conteúdos.

A predisposição do professor dar-se-á na medida de sua percepção de que a tecnologia é sua aliada para desincumbir-se bem de sua missão, e não um estorvo a que está sujeito pela inexistência dos recursos e do suporte necessários.

A constituição de um acervo de material didático digital é fundamental para manter a atualização das ferramentas educacionais empregadas, reforçando-se o comprometimento de todos na busca de experiências sobre novos artefatos testados.

Kenski (2007, p. 45) também atesta o fato de que as Tecnologias Digitais não provocam

> alterações mais radicais na estrutura dos cursos, na articulação entre conteúdos e não mudam as maneiras como os professores trabalham didaticamente com seus alunos. Encaradas como recursos didáticos, elas ainda estão muito longe de serem usadas em todas as suas possibilidades para uma melhor educação.

Tudo continua a ocorrer sem levar em conta as potencialidades das Tecnologias Digitais. As aulas continuam da mesma forma: seriadas, finitas no tempo, sem explorar as possibilidades ampliadas do trabalho em grupo não restrito ao espaço da sala de aula, associadas a uma disciplina específica de uma área do saber, completamente diferente daquilo que se encontra na realidade em que o estudante vive. Nenhuma ou insuficiente articulação entre os professores para atenuar o fato de as disciplinas tratarem de assuntos específicos. A desejável interdisciplinaridade não é praticada e nem buscada como objetivo real de todos.

Para que as Tecnologias Digitais sejam incorporadas pedagogicamente precisam ser compreendidas em todas as suas particularidades. As especificidades do ensino têm que ser levadas em conta para que esta utilização ocorra de forma adequada, de modo a que o uso da tecnologia faça a diferença (KENSKI, 2007).

De Masi (2000) já apontava que, com as novas tecnologias, vivemos no que se pode chamar sociedade pós-industrial, que valoriza mais o conhecer do que o fazer. Para Levy (1999), trabalhar significa, cada vez mais, aprender, produzir conhecimentos, transmitir seus saberes. Não adianta prever com muita antecedência as exigências de conhecimento para o trabalho: elas certamente não valerão no futuro, já que as necessidades mudam constantemente.

Analisando-se os vários casos de tentativas frustradas de utilização das tecnologias na Educação, nota-se recorrência nos problemas. Alguma instância da gestão educacional decide pelo investimento em dada tecnologia. Sem que estudos de custos e benefícios sejam realizados, sem o envolvimento e a participação do principal agente do sucesso do projeto – o professor –, a decisão de aquisição é tomada. Quando se prevê o treinamento do professor no uso da nova tecnologia, a aplicação pedagógica não é tratada. É o que ocorre hoje, por exemplo, com a utilização exagerada do conjunto projetor-notebook para leitura interminável de *slides* em *Powerpoint* pelo professor. Esta forma de aula em nada difere daquela em que se utilizavam transparências, ou ainda daquela, anterior aos retroprojetores, em que o quadro negro era o local onde o professor escrevia o conteúdo de sua aula, para a transcrição para o caderno pelos estudantes. A dinâmica é a mesma, com a utilização de diferentes recursos tecnológicos. Kenski (2007) aponta ainda dois casos de utilização inadequada de tecnologia: o do professor que projeta um filme que toma todo o tempo da aula, sem espaço para informações preparatórias sobre o que será projetado e sem debates posteriores para discussão das ideias contidas no filme e sua associação com os temas de interesse da disciplina; e outro caso é o uso da internet como mero banco de dados para que os estudantes façam alguma "pesquisa", sem discussão sobre as fontes utilizadas, sem o confronto entre elas, sem a análise do que poderia ter sido apresentado e não foi.

Kenski (2007) formula a pergunta: e o que dizer dos projetos de educação a distância com o professor falando em rede para centenas de estudantes no País todo, baseada no desempenho do professor, desconhecendo os interesses, as necessidades e as especificidades dos estudantes? Ela responde: o que é isto senão uma tradicional aula expositiva, usando tecnologia? Em nenhum momento o estudante manifesta-se ou, se o faz, fá-lo de forma escassa. Um segundo problema apontado pela autora é a não adequação da tecnologia ao conteúdo que vai ser ensinado e aos propósitos do ensino. Como cada tecnologia tem a sua especificidade, é necessário que se busque compreender como ela pode ser utilizada no processo educativo. Da forma como usualmente é feito, ao avaliar-se o investimento realizado, atesta-se que o retorno em aprendizagem é desprezível ou nulo.

A utilização das Tecnologias Digitais tem sido feita mais como estratégias de *marketing*, econômica e política por escolas, obedecendo a certo modismo, mas, da forma como são introduzidas, não conseguem melhorar os níveis de aprendizagem escolar. Adiante definiremos condições precisas para utilização com sucesso destas tecnologias.

Um obstáculo para a utilização das tecnologias por parte do professor reside na sua dificuldade (por falta de tempo) em participar de ações de educação continuada, o que possibilitaria atenuar alguma deficiência de formação inicial e supriria a inexistência de ações de autodidatismo. Por outro lado, os treinamentos realizados deveriam levar em conta as práticas pedagógicas dos profissionais e também suas condições reais de trabalho (KENKSI, 2007).

Do ponto de vista técnico, cabe à administração da rede de computadores das escolas a implantação de filtros que impeçam o acesso a material ilícito, pornográfico ou impróprio para o ambiente escolar, da mesma forma que se busque fazer o bloqueio a sítios inadequados e se restrinja a utilização de qualquer software não autorizado (pirata).

A escola tem função precípua de formar cidadãos conscientes, críticos, imbuídos de valores e de consciência democrática. A par destes valores, acrescentam-se o conhecimento para inserção produtiva na sociedade e, no que tange à tecnologia, o discernimento para tratar adequadamente o excesso de informações e a convivência em ambiente de mutação constante, impactado por novas tecnologias, que lhe exigem capacidade de absorção rápida para utilização e disseminação.

Não cabe qualquer submissão à tecnologia. Cabe identificar sua aplicabilidade ao ambiente escolar; se percebida, devemos utilizá-la. Caso não seja apropriada, devemos descartá-la.

Em seguida, fazemos algumas considerações sobre a educação a distância.

Chama-se educação *on-line* à modalidade de educação a distância realizada via internet, em que se utilizam recursos de comunicação síncronos (*chats*, videoconferência, dentre outros) e assíncronos (*e-mails*, sítios ou portais educacionais, dentre outros). Nada impede que esta forma de educação seja oferecida, complementarmente, para a modalidade presencial; aliás, é um reforço de valor inestimável.

Outra forma tradicional de usar tecnologia em educação é o caso dos cursos de autoaprendizagem. Nesta modalidade, o estudante lê dado conteúdo, disponível em algum meio de armazenamento – *computer based training* (cbt), ou na internet – *web based training* (wbt) e depois responde questões de múltipla escolha; é possível submeter respostas para correção, com a identificação da pontuação obtida e as questões erradas. Nesta modalidade, o computador faz as vezes de professor eletrônico, transmitindo conteúdo básico (KENSKI, 2007).

Sem dúvida que se trata de uma visão tradicionalista de ensino, centrada na transmissão de conhecimentos, esta oferecida pelos cursos de autoaprendizagem, nas modalidades citadas. Mas que cumpre um papel relevante: possibilitar que o estudante tenha contato preliminar com o conteúdo a ser tratado depois na sala de aula. Este tratamento pode ser por meio de perguntas, de debates, de discussões, de aplicação do conteúdo em aplicações ou em projetos. Assim, as aulas deixariam de ser essencialmente conteudistas, e poderiam contar com maior participação dos estudantes.

Outro aspecto a destacar é a possibilidade que as Tecnologias Digitais oferecem de implementar processos cooperativos de aprendizagem, envolvendo intensa participação de todos os estudantes. Sem dúvida, a dificuldade aqui reside em motivar a participação dos educandos. Em pequenos experimentos que conduzimos informalmente, obtivemos baixo envolvimento dos estudantes.

Uma característica que as Tecnologias Digitais proporcionam, já aventada no primeiro capítulo, é o fato de que as possibilidades de ensino e de aprendizagem não ficam restritas ao espaço e ao tempo da sala de aula. Estabelece-se a onipresença e a atemporalidade do ensino e da aprendizagem.

6.3 Teoria da Distância Transacional

Um conceito relevante utilizado pela educação a distância é o de distância transacional, que podemos trazer para discussão neste ponto. Este conceito procura descrever as relações professor-estudante quando ambos estão separados no espaço e/ou no tempo. Ele tem origem no conceito de transação, formulado por J. Dewey e A. F. Bentley, em obra publicada em 1949 pela Beacon Press de Boston, intitulado *Knowing and the Known* ("Conhecendo e o Conhecido"), e representa a interação entre os indivíduos, o ambiente e os padrões de comportamento em dada situação (MOORE, 2002).

A separação geográfica de estudantes e professores na Educação a Distância leva a padrões especiais de comportamento, e, claro, afeta intensamente o ensino e a aprendizagem. Moore (2002, p. 2) afirma que,

> com a separação surge um espaço psicológico e comunicacional a ser transposto, um espaço de potenciais mal-entendidos entre as intervenções do instrutor e as do aluno. Este espaço psicológico e comunicacional é a distân-cia transacional.

É óbvio que, mesmo na educação presencial, existe em alguma medida distância transacional. Adiante, analisaremos algumas formas de reduzir a distância transacional neste caso.

Moore (2002), no artigo em que define a Teoria da Distância Transacional, aponta que a extensão da distância transacional em qualquer programa educacional é função de três variáveis: Diálogo Educacional, Estrutura do Programa de Ensino e Auto-nomia do Estudante. Estas três variáveis são inter-relacionadas, e cada uma delas, por sua vez, é afetada por vários fatores.

6.3.1 Diálogo Educacional

O diálogo estabelece-se na interação entre professor e estudantes. Apresenta as seguintes características: é intencional, construtivo e tem valor reconhecido pelas partes. Cada parte do diálogo é um ouvinte atento e ativo; contribui com a outra parte da forma que pode. Moore (2002) associa o termo "diálogo" a uma interação ou série de interações positivas, direcionadas para o aperfeiçoamento da compreensão do educando. Portanto, uma interação negativa ou neutra não constitui diálogo.

A extensão e a natureza do diálogo são determinadas pela filosofia educacional do responsável pelo projeto do curso, pelo conteúdo do curso, pelas personalidades de professores e estudantes, pelo objeto do curso e por fatores ambientais. Um fator ambiental óbvio é o meio de comunicação empregado para se estabelecer a interação. Um programa educacional realizado unicamente pela televisão não proporcionará diálogo professor-estudante, pois este meio não permite que o educando envie mensagens ao professor. Isto ocorre também com um arquivo de áudio, um CD, um DVD. Há uma resposta interior do educando ao que é transmitido, mas não chega ao professor (trata-se de um diálogo virtual). Uma comunicação por correio eletrônico possibilita diálogo (com menos espontaneidade e mais reflexividade), mas com algum retardo na interação; uma comunicação por *chat* tem a vantagem de ocorrer em tempo real (com mais espontaneidade e menos reflexividade). A troca de meio de comunicação pode aumentar ou reduzir o diálogo entre educandos e professores, reduzindo ou aumentando a distância transacional (MOORE, 2002).

São também fatores ambientais que influenciam o diálogo: o número de estudantes por professor, a frequência da interação, o ambiente físico onde os estudantes aprendem e onde os professores ensinam.

6.3.2 Estrutura do Programa do Curso

A Estrutura do Programa do Curso explicita "a rigidez ou a flexibilidade dos objetivos educacionais, das estratégias de ensino e dos métodos de avaliação do programa" (MOORE, 2002, p. 5). A estrutura descreve como cada necessidade individual do estudante é tratada e é determinada pelos meios de comunicação empregados. Além destes aspectos, outros são determinantes: filosofia e características emocionais dos professores, personalidade dos estudantes, restrições impostas pelas instituições educacionais.

Moore (2002) exemplifica com um programa de televisão gravado: tudo é altamente estruturado, segundo a segundo. Não há qualquer diálogo professor-estudante, e nenhuma chance de levar em consideração a contribuição dos estudantes. Neste caso, programa altamente estruturado, não há nenhum diálogo professor-estudante, consequentemente a distância transacional entre estudantes e professor é grande. Por outro lado, em um programa por videoconferência, que apresente estrutura flexível e possibilite intenso diálogo professor-estudantes, terá pequena distância transacional.

6.3.3 Autonomia do Estudante

Para Moore (2002), a autonomia do estudante ocorre na medida em que ele determina os objetivos e as experiências de aprendizagem e também as decisões de avaliação do programa de aprendizagem. Isto não cabe ao professor. Aliás, cabe, isto sim, ajudá-los a adquirir esta habilidade, já que nem mesmo todos os adultos estão preparados para uma aprendizagem completamente independente.

Uma forma de diálogo frequente no ensino presencial e buscado pelo ensino a distância é aquele que ocorre entre os estudantes, naturalmente, em pares ou em grupos, com ou sem a presença de um professor em tempo real. Os grupos de estudantes aprendem tanto pela interação ocorrida intergrupos quanto pela intragrupos. Qualquer processo de ensino não pode prescindir da aprendizagem decorrente da construção coletiva do conhecimento, em que cada estudante pode interagir com as ideias dos outros, no seu próprio tempo e ritmo (MOORE, 2002).

Como formas de diminuir a distância transacional em cursos presenciais, Tori (2002) propõe algumas ações: disponibilização de monitoria on-line aos estudantes, para dirimir dúvidas existentes que não foram tiradas na sala de aula; gravação de vídeo de aulas magnas e disponibilização aos estudantes, via servidores de *video streaming*; substituição de aulas expositivas para grandes plateias por material interativo on-line, a serem complementadas por aulas presenciais com carga horária menor e pequeno número de estudantes; estas aulas seriam destinadas a dinâmicas de grupo, discussões, esclarecimento de dúvidas, orientações. Outras ações: criação e incentivo à participação em fóruns de discussão segmentados por série, por disciplina, por projeto; disponibilização de laboratórios virtuais para a realização de experiências preparatórias, que, depois, seriam realizadas em laboratórios reais.

Kenski (2007) aponta que a interatividade (possibilidade de interação entre as partes envolvidas na aprendizagem no momento que se requeira), a hipertextualidade (textos interligados entre si, com acesso a outras mídias – sons, fotos, vídeos) e a conectividade (acesso rápido à informação e à comunicação interpessoal) garantem o diferencial que as tecnologias digitais possibilitam para a aprendizagem individual e grupal. Podemos acrescentar ainda a estes três itens citados por Kenski: a capacidade de realizar simulações, experimentações e cálculos repetitivos e complexos, em tempo curto e com escasso esforço.

Para arrematar: o uso das tecnologias digitais pode auxiliar os professores na busca de despertar o interesse, o envolvimento e a colaboração dos estudantes nas ações propostas, com mais chances de que a aprendizagem efetiva seja alcançada.

A despeito disto, há outra face que precisa ser olhada também. Gonsales (2013) aponta os seguintes problemas que a utilização das tecnologias digitais pode acarretar nas salas de aulas:

a) Distração e dispersão: em vez de acompanhar o que está sendo apresentado ou discutido, o estudante pode distrair-se navegando na *web*, jogando ou utilizando algum software que nada tenha a ver com a aula, ou utilizando algum equipamento digital (celulares, tocadores de áudio).

b) Informações não confiáveis: como mencionado, nem todo conteúdo disponível na *web* é confiável, por isso aprender a pesquisar na internet é fundamental.

c) Aprendizagem superficial: os conteúdos superficiais da *web* podem inibir o aprofundamento necessário em muitos casos. No entanto, esta questão não está restrita às tecnologias digitais, podendo ocorrer em qualquer meio de consulta que o estudante venha a empregar. Trata-se mais de contar com uma definição do nível de profundidade requerido na pesquisa a ser realizada.

A seguir são apresentados alguns resultados de duas pesquisas realizadas pelo Comitê Gestor da Internet Brasileira sobre o uso da Internet e o uso das Tecnologias Digitais nas escolas brasileiras.

6.4 Pesquisas do Comitê Gestor da Internet Brasileira

Vamos descrever as conclusões de duas pesquisas realizadas pelo CGI.br: uma realizada durante 2012 e publicada neste ano, sobre o uso da Internet por crianças e adolescentes – a TIC Kids Brasil 2012 – e outra, realizada em 2010 e publicada em 2011, sobre o uso das TIC nas escolas brasileiras – a TIC Educação 2010.

6.4.1 Pesquisa sobre o Uso da Internet por Crianças e Adolescentes no Brasil – TIC Kids Brasil 2012

O Comitê Gestor da Internet no Brasil (CGI.br) realizou em 2012 a pesquisa *TIC Kids Online* (disponível em http://cetic.br/ publicacoes/2012/), com o objetivo de mapear oportunidades e riscos associados ao uso da Internet por jovens brasileiros de 9 a 16 anos. Trata-se da realização de pesquisa paralela à executada pela rede *EU Kids Online* em 33 países da Europa. Esta rede produz e divulga dados para formulação de políticas públicas relacionadas ao uso da Internet, em âmbito nacional, regional e internacional. A pesquisa aponta como crianças e adolescentes utilizam a Internet no Brasil e preocupações e experiências dos pais em relação ao uso da Internet.

Algumas informações sobre os procedimentos metodológicos adotados: a metodologia foi elaborada pela *London School of Economics* para o Projeto EU Kids Online, com enfoque quantitativo, com base em pesquisa amostral realizada por meio de entrevistas presenciais, com questionários estruturados. Para garantir a compreensão dos entrevistados brasileiros, houve compatibilização dos questionários baseados no modelo europeu; foram realizados testes cognitivos e pré-testes com este fim. Por questão de escopo, não detalhamos todas as preocupações metodológicas adotadas na pesquisa em tela, necessárias em investigação de alcance nacional (CGI, 2013).

Trazemos abaixo alguns dados da pesquisa, para nortear as decisões e as iniciativas de professores com relação à utilização das Tecnologias Digitais e também porque vamos tecer considerações no próximo capítulo sobre alguns aspectos apontados pela investigação feita pelo CGI.br (CGI, 2013):

1) **Primeiro acesso à Internet**: Quase um terço (31%) tinha começado a usar a Internet com 11 anos ou mais. Considerando a classe social, e reforçando o que era esperado – desigualdade no início do uso –, tomando os que começaram a utilizar a Internet com mais de 11 anos, somente 18% pertencem às classes AB, um terço na classe C e quase a metade (47%) nas classes D e E;

2) **Uso em casa**: 38% compartilham PC/*desktop* em casa; 21% acessam por celular; 20% por PC/*desktop* próprio;

3) **Frequência de uso**: 47% usam todos os dias; 38% uma vez por semana. Portanto, 85% usam no mínimo uma vez por semana;

4) **Uso todos os dias por faixa etária**: 9 a 10 anos – 36%; 11 a 12 anos – 43%; 12 a 13 anos – 53%; 15 a 16 anos – 56%;

5) **Local de acesso**: 58% acessam de suas casas; 42% acessam da escola; 38% da casa de parentes; 38% de *lanhouses*; 34% da casa de amigos;

6) **Atividades realizadas**: A Figura 5 apresenta os resultados da pesquisa com a distribuição das atividades realizadas. Vemos que o maior percentual de acesso à Internet é para realização de trabalho escolar (com 82%), seguido da visita a perfil/página de rede social com 68% e assistir vídeos no computador (no *Youtube*, por exemplo) com 66%. Não temos como inferir o nível da utilização do trabalho escolar: se mera utilização de software de busca, em que predominam as funções "recortar/colar", para produzir um documento ou alguma utilização para produzir uma saída gráfica, ou uma pesquisa de conteúdo para preparação de *slides*. Excetuando este item, destaca-se como predominante o acesso para lazer (jogos, vídeos, fotos) e comunicação com amigos. O item destacado

("salas de bate-papo") com percentual baixo (12%) decorre do fato de que este serviço consta das redes sociais. Também com percentual baixo a escrita de *blogs* ou diários on-line (10%), o que atesta que este serviço com potencial para fortalecer a escrita e a capacidade de argumentação não é explorado adequadamente.

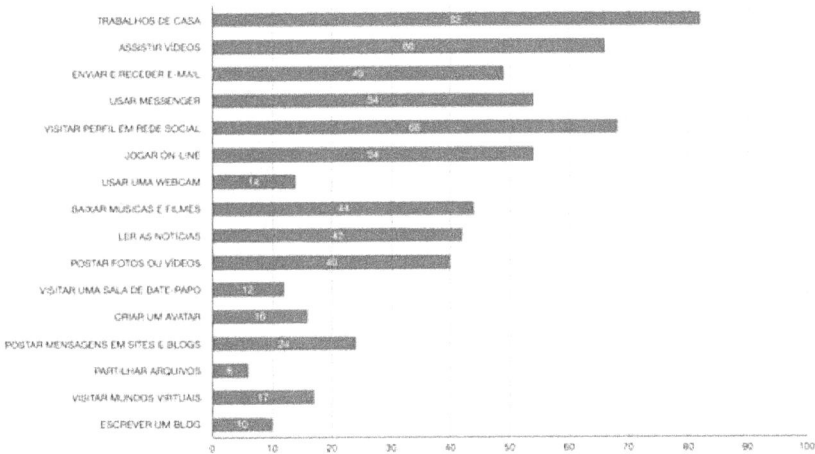

Fig. 5 Atividades realizadas
Fonte: Adaptado de TIC Kids Brasil 2012 (CGI, 2013).

Fazendo-se um recorte por faixa etária, nota-se que, à medida que a faixa etária cresce, aumenta o percentual de envio/ recebimento de e-*mails*, utilização de mensagens instantâneas ou acesso a redes sociais; diminuindo a faixa etária, aumenta o percentual de atividades lúdicas, como os jogos com outras pessoas.

6.4.2 Pesquisa sobre o Uso das Tecnologias da Informação e Comunicação no Brasil

Outra pesquisa realizada pelo Comitê Gestor da Internet no Brasil (CGI.br) foi a TIC Educação 2011, concretizada durante 2010 e publicada no ano seguinte, tendo como amostra 650 escolas (497 instituições da rede pública e 153 instituições da rede particular). O procedimento metodológico adotado foi o do Banco Mundial e da *International Association for the Evaluation of Educational Achievement* (IEA). A pesquisa objetivou oferecer contribuições para o debate sobre a relação entre Tecnologia e Educação, e trouxe valiosas informações sobre o seu uso nas escolas brasileiras (CGI, 2011).

Dentre os resultados trazidos, atendo-se ao que interessa ao escopo deste texto, podemos destacar (Lima, 2011):

1) Há em média 23 computadores por escola e uma relação de 35 estudantes por computador. Mais de 80% delas com acesso à Internet;

2) Segundo os professores entrevistados, em 24% das escolas não há computadores disponíveis para os estudantes e em 32% não há acesso à Internet;

3) Apenas 38% das escolas disponibilizam acesso a computadores na biblioteca e somente 4% na sala de aula;

4) Como fatores limitadores do uso das Tecnologias Digitais, em mais de dois terços das escolas pesquisadas constatou-se número insuficiente de computadores, falta de suporte técnico adequado, equipamentos obsoletos e baixa velocidade na conexão à Internet;

5) Segundo os professores, os estudantes utilizam as TIC em mais de 40% das pesquisas escolares; o próprio professor não chega a utilizar em 25% das oportunidades de ministrar sua aula;

6) Metade dos professores fez cursos específicos para o uso do computador e da Internet, mas sem acompanhamento posterior para aprimorar a prática;

7) Dois terços dos professores reconhecem que os estudantes dominam melhor as TIC do que eles próprios;

8) 67% dos professores disseram que, pelo menos uma vez por semana, preparam aula com apoio de conteúdos obtidos na Internet;

9) Entre os professores, apenas 38% usaram *e-mail* para se comunicar; 14% participaram de grupos de discussão com outros docentes;

10) Somente 36% das escolas dispunham de página própria na Internet;

11) Não foi constatada utilização de computadores em atividades colaborativas para aprendizagem.

Observe-se o tópico 11: nenhuma atividade colaborativa foi registrada. O potencial de trabalho cooperativo não é explorado, o que representa uma perda significativa no mundo conectado em que vivemos.

A pesquisa atesta que a presença das tecnologias digitais fez com que 57% dos professores brasileiros passassem a adotar novos métodos de ensino. Para 72% dos professores, as novas tecnologias aumentaram o acesso a materiais diversificados e de maior qualidade. Comprovando que, a despeito dos investimentos citados nos planos governamentais, a realidade é outra: 79% dos professores da rede pública apontam a falta de computadores como um fato; na rede privada, o índice é também alto: 53%.

6.5 Breve Descrição de Algumas Tecnologias Existentes.

6.5.1 Software Matemático

1) **Geometer's Sketchpad**: programa de geometria dinâmica (semelhante ao Cabri-Géomètre ou ao Geometricks);

2) **Cabri-Géomètre**: programa de geometria dinâmica;

3) **Geometricks**: programa de geometria dinâmica;

4) **Equation Grapher**: pacote com dois programas: o primeiro, homônimo, é um programa para criar gráficos; o segundo, o **Regression Analyzer**, analisa gráficos e cria estatísticas e funções a partir deles. Interface em inglês. Acessível em: http://www.mathsisfun.com/data/grapher-equation.html.

5) **WinPlot:** programa para gerar gráficos de 2D e 3D a partir de funções ou equações matemáticas. Os menus do programa são simples, com opção de Ajuda em todas as funcionalidades.

6) **Grapes:** programa voltado para a plotagem de gráficos de funções, podendo ser utilizado no ensino fundamental e médio. Possibilita alterar parâmetros matemáticos em tempo real. Disponível em: http://www.criced.tsukuba.ac.jp/grapes/.

7) **GeoGebra:** programa para construção de gráficos, desenvolvido pela Universidade de Salzburg (Áustria), voltado para a álgebra e para a geometria.

8) **Mathematica**: programa com aplicação em muitos campos da ciência, da engenharia, da matemática e da computação. Dentre muitas outras funcionalidades, dispõe de biblioteca de funções matemáticas básicas e especiais; ferramentas para manipulação de matrizes; ferramentas numéricas e simbólicas para cálculo discreto e contínuo; dispõe de linguagem de programação, para suporte a construção procedimental, funcional e orientado a objetos, constituindo-se em ambiente para desenvolvimento rápido de programas; ferramentas para processamento de imagem 2D e 3D e processamento de imagem morfológica, incluindo reconhecimento de imagem.

9) **Maple**: ambiente para computação de expressões algébricas, simbólicas, desenho de gráficos 2D e 3D. Desenvolvido pela Universidade de Waterloo (Canadá).

10) Matlab (MATrix LABoratory): programa voltado para o cálculo numérico, em que as soluções são expressas da forma como são escritas na Matemática. Integra as seguintes funções (dentre muitas outras): análise numérica, cálculo com matrizes, processamento de sinais e construção de gráficos. Dispõe de poderosa linguagem de programação

Blogs: podem constituir-se em ferramentas úteis para desenvolver a habilidade de escrita dos estudantes, o senso de responsabilidade ao publicar seus "posts" no que tange a direitos autorais, o cuidado de ler e reler os textos antes de publicá-los.

Game Manga High (plataforma pertencente à empresa inglesa): propõe exercícios lúdicos dirigidos para o ensino de Matemática, para estudantes do ensino fundamental e médio. Áreas abrangidas pelos *games*: trigonometria, áreas e perímetros, reflexões, rotações, fatoração em números primos. Forma de uso: como exercício em sala de aula ou como tarefa para casa. Os jogos registram os desempenhos dos estudantes inscritos, permitindo que o professor proponha desafios diferentes para os estudantes, dependendo do nível de cada um. Há possibilidade de que os estudantes compitam entre si e com outras escolas. A possibilidade de errar sem problemas constitui um atrativo. As atualizações dos jogos ocorrem a cada seis ou oito meses, fazendo com que os estudantes tenham algo novo a descobrir com frequência. Por oportuno, registre-se que os *games* isoladamente não resolverão o problema do ensino – e isto pode ser afirmado para qualquer estratégia que se venha a propor – , mas a variedade de estratégias é eficaz em manter o interesse e a motivação despertas (GOMES, 2012).

Redes Sociais Acadêmicas:

a) Koiné: interliga as unidades de educação do Sistema S (Senai, Senac). Serve de mural virtual para a comunicação entre os agentes da educação (professores e estudantes), serve de ponto de encontro entre estudantes de mesmo curso, permitindo a realização de tarefas em colaboração. Dúvidas são lançadas na rede, quem sabe responde, estabelecendo-se cooperação profícua entre as partes (COSTA, 2013).

6.5.2 *Sites:*

KHANACADEMY: norte-americano Salman Khan (khanacademy.org)

Mais de 4500 vídeoaulas, com aproximadamente 10 min cada, preparadas para serem vistas no computador. Áreas cobertas pelas vídeoaulas (em inglês): Matemática, Biologia, Química, Física, Cosmologia e Astronomia, Química Orgânica, Finanças e Mercado de Capitais, Microeconomia, Macroeconomia, Cuidados com a saúde, Medicina. A parte de Matemática abrange: Aritmética e Pré-álgebra, Álgebra, Geometria, Trigonometria, Pré-cálculo, Cálculo, Probabilidade e Estatística, Equações Diferenciais, Álgebra Linear, Matemática Aplicada, Matemática Recreacional.

Vídeoaulas em português (fundacaolemann.org.br/ khanportugues) – mais de 400 vídeoaulas. A plataforma atual permite que estudantes de 3ª a 5ª série do Ensino Fundamental assistam aos vídeos e façam os exercícios propostos. A interação de cada estudante é registrada e enviada ao professor em tempo real, permitindo-lhe saber o nível de aprendizado da turma e, em especial, podendo cuidar dos estudantes que apresentaram dificuldades registradas por ocasião da interação com a plataforma.

VEDUCA: plataforma de cursos abertos para massa (da sigla em inglês – MOOC – *Massive Open Online Course*), que oferece aulas gratuitas de ensino superior, modelo de grande sucesso adotado nos Estados Unidos pelo EDX (plataforma on-line do MIT, Stanford e de Harvard) e Coursera (de outras universidades de primeira linha, num total de 14 instituições) e as três universidades estaduais paulistas (USP, Unesp e Unicamp). O portal de educação Veduca reúne cerca de 5,3 mil videoaulas de algumas das melhores universidades do mundo. As vídeoaulas podem ser vistas no endereço www.veduca.com.br. Os 251 cursos on-line e gratuitos disponíveis atualmente estão organizados em 21 áreas do conhecimento que cobrem toda a gama de assuntos do ensino superior. O EDX tem cerca de 800 mil estudantes inscritos em 23 cursos oferecidos. Os recursos utilizados nos cursos não são apenas videoaulas expositivas: há exercícios e avaliação virtual. Os estudantes aprovados recebem um certificado do EDX. Nesta modalidade de ensino não há a figura do tutor (comum no ensino a distância): a aprendizagem ocorre a partir dos materiais a que os estudantes têm acesso e pela interação entre os participantes nos fóruns de discussão (LORDELO, 2013).

EVOBOOKS: desenvolve livros-aplicativos para serem usados em sala de aula, mas que não dependem de acesso à internet (ainda uma dificuldade grande nas escolas brasileiras, como já citado).

DESCOMPLICA: *site* surgido em março de 2011, que tem disponível mais de 3500 videoaulas.

EASYAULA: portal de cursos presenciais e on-line de preparação ao mercado de trabalho. Os *sites* acima utilizam ferramentas diversas: vídeos, *games*, aplicativos, conteúdos para celular, fóruns.

TEACHTHOUGHT: plataforma on-line para educadores. Com a disponibilização de conteúdo online, as aulas podem ser utilizadas para fazer exercícios, pesquisas pessoais, trabalhos em grupo e apresentações. São as chamadas aulas invertidas.

Banco Internacional de Objetos Educacionais: possui objetos educacionais de acesso público, com formatos variados e para todos os níveis de ensino. Possui no momento mais de 19600 objetos publicados. Em Educação Superior, na área de Ciências Exatas e da Terra, em Matemática, listam-se Animações/ Simulações, Experimentos Práticos, Hipertextos, Imagens, Softwares Educacionais e Vídeos. Acessível por: HTTP://objetoseducacionais2.mec.gov.br

EDUCOPÉDIA (www.educopedia.com.br): trata-se de iniciativa da Secretaria Municipal de Educação do Rio de Janeiro, a Educopédia é um portal de aulas digitais que abrangem todas as nove séries do Ensino Fundamental, Educação de Jovens e Adultos, Educação Especial e Cursos para Professores. Contém material para a preparação do professor, apresentação de conteúdo em *slides*, vídeos e jogos. O professor decide a forma e o que utilizar do portal.

O próximo Capítulo contém a metodologia proposta para avaliação de aprendizagem de Matemática quando se utiliza Modelagem Matemática com Tecnologias Digitais.

CAPÍTULO 7: MODELAGEM MATEMÁTICA E AVALIAÇÃO DE APRENDI-ZAGEM[13]

A Modelagem Matemática já foi suficientemente detalhada nos capítulos anteriores como estratégia de ensino de Matemática. Neste Capítulo, vamos concentrar nossa atenção sobre os passos da abordagem que possibilitem avaliar a aprendizagem ocorrida até determinado ponto, de modo que os objetivos de assimilação de conhecimentos sejam alcançados.

O Capítulo começa com uma revisão ampla da área de avaliação de aprendizagem. Isto feito, passamos a tratar da forma como reforçar os aspectos de avaliação na Modelagem Matemática, sem deixar de repassar os esforços já feitos na literatura sobre este assunto, mas também buscando dar passos adiante.

7.1 Técnicas de Avaliação de Aprendizagem

Que é ensinar? Que é aprender? Que é avaliar? Dentre várias outras acepções existentes, encontramos nos dicionários Houaiss (2009) e Aurélio (Ferreira, 1975): **ensinar**: repassar ensinamentos sobre algo a outrem; transmitir conhecimentos a outrem; **aprender**: adquirir conhecimentos, a partir do estudo; tomar conhecimento de algo, retê-lo na memória, em consequência de estudo, observação, experiência, advertência, etc.; **avaliar**: determinar a qualidade, a extensão, a intensidade de algo.

Sanmarti (2009, p. 21) nota a associação forte dos três pro-cessos: "ensinar, aprender e avaliar são, na realidade, três processos inseparáveis". Ao ensinar, o professor pretende que o aluno aprenda. Como se certificar de que a aprendizagem ocorreu? Para isto, é necessário avaliar o aluno ou pedir que ele

---

[13] Texto elaborado com base em: FURTADO, A. B. *Avaliação do Uso de Tecnologias Digitais no Apoio ao Processo de Modelagem Matemática*. 2014. 186f. Tese (Doutorado em Educação em Ciências e Matemáticas) – Instituto de Educação Matemática e Científica, Universidade Federal do Pará, Belém (PA).

se autoavalie. Portanto, os três processos constituem, mesmo, uma trindade indissociável. Na Figura 6, utilizando uma metáfora, representamos a aprendizagem por meio da esfera seccionada em três partes, de modo que, quando estas partes se encaixam perfeitamente, formam a esfera da aprendizagem. Quando isto não ocorre, o processo foi prejudicado por algum ruído. Cabe a quem ensina a função de confirmar se a aprendizagem ocorreu; cabe a quem aprende notificar quando isto não ocorreu; a avaliação é o meio pelo qual a aprendizagem pode ser confirmada ou não.

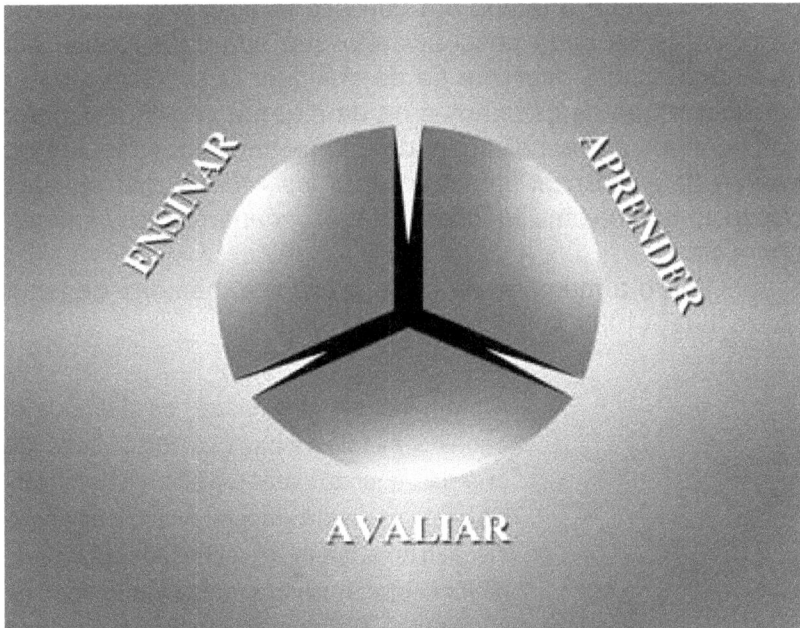

Figura 6. Ensinar x Aprender x Avaliar.

Por outro lado, havendo quem ensine (e este é o contexto que nos interessa analisar aqui – o contexto escolar, acadêmico), espera-se que haja a aprendizagem: este ato exige, inescapavelmente, o envolvimento do sujeito interessado em aprender. Outro nada pode fazer por ele. Recorrendo a uma analogia: aquele que deseja melhorar sua condição física (perda de peso ou condicionamento atlético) não pode pedir que outro o faça por ele. O sujeito que deseja aprender deve envolver-se incondicionalmente na sua aprendizagem. Isto não ocorre simplesmente pelo desejo de outrem. Luckesi (2011b, p. 31) afirma que "aprender depende de desejar afetiva e efetivamente a aprender". Demo (2009b, p. 60) amplia da seguinte forma: "aprender implica esforço, dispêndio de energia, dedicação sistemática, atividade produtiva". Não havendo a predisposição do aluno em aprender, cabe ao professor a tarefa de envolvê-lo no processo de ensino e aprendizagem por meio da avaliação formativa (PERRENOUD, 1999).

A forma e o tempo em que ocorre a aprendizagem são particulares de cada pessoa, dado que sua experiência, sua história de vida é diferente da de qualquer outra. Erro grave é considerar que os estudantes de uma turma constituam grupo homogêneo. A aprendizagem de que falamos aqui não se trata apenas de memorizar para reproduzir *ipsis litteris*, mas aplicar o objeto aprendido em situações diversas, criando ou reinventando sobre ele.

Sobre a memória de curto prazo e a memória de longo prazo, Lévy (1993, p. 78) afirma:

> A memória de curto prazo, ou memória de trabalho, mobiliza a atenção. Ela é usada, por exemplo, quando lemos um número de telefone e o anotamos mentalmente até que o tenhamos discado no aparelho. A repetição parece ser a melhor estratégia para reter a informação em curto prazo. Ficamos pronunciando o número em voz baixa indefinidamente até que tenha sido discado.
>
> A memória de longo prazo, por outro lado, é usada a cada vez que lembramos de nosso número de telefone no momento oportuno. Supõe-se que a memória declarativa de longo prazo é armazenada em uma única e imensa rede associativa, cujos elementos difeririam

somente quanto a seu conteúdo informacional e quanto à força e número de associações que os conectam.

Os trabalhos de psicologia cognitiva garantem que a estratégia chamada elaboração é a que garante retenção por mais longo tempo. As elaborações ocorrem quando se fazem acréscimos à informação alvo. Conectam entre si itens a serem lembrados, ou então conectam estes itens a ideias já adquiridas ou anteriormente formadas. No pensamento cotidiano, os processos elaborativos ocorrem o tempo todo (LÉVY, 1993). Como acrescenta Luckesi (2011a, p. 73): "a aprendizagem não é algo dado, mas construído".

Smith, Godfrey e Pulsipher (2011) utilizam o acrônimo VARK para designar uma abordagem educacional que se baseia no fato de que cada pessoa tem uma forma preferida de aprendizado:

V – *Visual* (visual): aprendizado pela visão,

A – *Auditory* (auditivo): aprendizado pela audição,

R – *Reading-based* (leitura/escrita): aprendizado pela leitura/escrita,

K – *Kinesthetic* (cinestésico): aprendizado pela ação física.

Para os estudantes visuais, usar diagramas, gráficos e tabelas que ilustrem o que se deseja ensinar; para os estudantes auditivos, explicar-lhes o conteúdo desejado, permitindo-lhes perguntar, interagir e entender o conceito por meio de conversa; para os estudantes que aprendem com base na leitura/escrita, deve-se apresentar-lhes textos com informações sobre o conceito; para os estudantes cinestésicos, buscar formas que lhe permitam experimentar a aplicação do conceito.

A partir da assimilação pelo educando do que lhe foi ensinado, é completamente imponderável o que ele pode fazer, em termos de múltiplas formas de recriação do objeto aprendido, pois a experiência humana pode ser criada e recriada de inúmeras maneiras (LUCKESI, 2011a).

A avaliação de aprendizagem consiste em verificar se os objetivos educacionais de uma aula, de um programa de ensino ou, mesmo, da aplicação de um dado currículo foram alcançados plenamente. Pode-se fazer avaliação de aprendizagem em várias escalas de abrangência, desde aquela aplicada por um professor antes de iniciar seu trabalho pedagógico (diz-se avaliação diagnóstica), para ajustar as ênfases que precisa dar na sua prática; há a avaliação realizada pelo docente depois de ministrar um dado conteúdo de seu programa, para identificar se houve a aprendizagem esperada, e se precisa ajustar sua prática pedagógica, retomando o tema para alcançar seu objetivo inicial. Isto precisa ser feito o mais cedo possível, enquanto ainda há tempo para que a aprendizagem ocorra. Esta avaliação é chamada de formativa ou processual. Há aquela avaliação, ainda conduzida pelo professor, realizada no fim do período de aulas, para atestar o desempenho dos estudantes quanto ao programa ministrado, levando à aprovação ou à reprovação na disciplina. Esta avaliação é chamada de avaliação somativa. A estas formas de avaliação conduzidas pelo professor chamaremos aqui de avaliação em pequena escala.

A avaliação de aprendizagem dirigida a um público bem maior que aquele sob a responsabilidade de um professor na sua sala de aula é denominada aqui de avaliação em larga escala (para usar uma expressão empregada por Luckesi (2011a)). Esta forma de avaliação está fora do escopo deste trabalho. É comentada com o propósito de apresentar um quadro geral sobre avaliação de aprendizagem.

Como exemplos destas formas de avaliação (chamadas de exames), podemos citar o Exame Nacional do Ensino Médio (ENEM) e o Exame Nacional de Desempenho de Estudantes (ENADE), este último dirigido aos cursos superiores. Ambos os exames são realizados pelo Instituto Nacional de Estudos e Pesquisas Educacionais Anísio Teixeira (INEP), autarquia federal ligada ao Ministério da Educação (MEC).

A realização do ENEM possibilita o cálculo do Índice de Desenvolvimento da Educação Básica (IDEB), podendo-se extrair o valor do índice para o País, para um dado estado, para um dado município e para uma dada escola. Recentemente, o ENEM passou a incorporar outra função: possibilitar o ingresso nas instituições públicas de ensino superior, por meio do SISU – Sistema de Seleção Unificada, portanto, transformando-se em exame de vestibular para estas instituições.

A realização do ENADE possibilita a avaliação das instituições de ensino superior, dos cursos e do desempenho dos estudantes.

O exame PISA (*Programme for International Student Assessment* – Programa Internacional de Avaliação de Estudantes) é realizado a cada três anos, coordenado pela Organização para a Cooperação e Desenvolvimento Econômico – OCDE. No exame realizado em 2009, o Brasil obteve os seguintes resultados (de um total de 61países pesquisados): Leitura – 412 (49°); Matemática – 386 (53°); Ciências – 405 (49°).

Como referido, adotamos duas categorias de avaliação de aprendizagem: 1) a avaliação em pequena escala, aquela que é realizada pelo professor, para nortear sua prática docente ou para obter resultado final no âmbito de sua disciplina. O quadro 15 sintetiza as diferentes formas de avaliação de aprendizagem em pequena escala); 2) a avaliação em larga escala, aquela realizada no âmbito da escola, da faculdade, do município, do estado, do País, que escapa ao controle de um professor específico, atingindo toda a classe docente da escola, da faculdade, do município, do estado, do País. O quadro 16 relaciona alguns exames realizados no País. O planejamento e a logística para a realização destes exames é determinante para o sucesso do empreendimento, dado o público atingido. O sucesso a que nos referimos é conseguir realizar o exame com isenção, oferecendo oportunidades a todos, sem privilégios e desvios a quem quer que seja, de modo que os gestores educacionais possam estabelecer estratégias e prioridades corretas para o avanço da Educação.

Quadro 15. Formas de Avaliação de Aprendizagem em

Avaliação em Pequena Escala (docente)
- Avaliação diagnóstica
- Avaliação formativa ou processual
- Avaliação somativa

Quadro 16. Avaliação de Aprendizagem em Larga Escala realizada no País.

Avaliação em Larga Escala (institucional)
Provinha Brasil (alfabetização) – 2° ano EF
Prova Brasil (5° e 9° ano EF) bianual
ENEM anual
ENADE bianual
PISA (OCDE) trianual

Como afirmado, a avaliação de aprendizagem em larga escala é aquela realizada como instrumento norteador para os diferentes níveis de gestão na área educacional sobre o cumprimento de diretrizes e o estabelecimento de estratégias, ações e políticas necessárias para o avanço da Educação.

Como se trata de avaliação em larga escala, envolvendo contingente grande de pessoal e até abrangência territorial ampla, as exigências de elaboração de um exame com esta escala são enormes. As questões logísticas e de planejamento são complexas, indo desde a formação das equipes de elaboradores, a impressão das provas, o transporte para as escolas, a realização dos exames, até a sua correção, com exigência estrita de privacidade e lisura durante todo o processo envolvido.

Neste tipo de exame é utilizada a Teoria de Resposta ao Item (usa-se o acrônimo TRI para referenciá-la), que é uma modelagem estatística empregada em avaliações de conhecimentos e habilidades, em que os examinandos são submetidos a provas diferentes. Nesta situação, a Teoria Clássica dos Testes – teoria estatística empregada para este tipo de avaliação – mostrava-se inadequada.

A Teoria da Resposta ao Item utiliza a estatística bayesiana, em que a probabilidade de acerto de um item é condicionada à habilidade e ao conhecimento do examinando. A curva que modela a probabilidade de acerto de um item é uma função crescente na ordenada da habilidade e conhecimento; o gráfico que tem a probabilidade condicional de acerto de um item é chamado de Curva Característica do Item.

Com a Teoria da Resposta ao Item, a análise da estimação de conhecimentos e habilidades desloca-se das provas para os itens. Há o conceito de que os parâmetros dos itens (nível de dificuldade, acerto casual) são suas características próprias. Considera-se que a característica de medição dos itens são invariantes no tempo, com ressalvas conhecidas. A Teoria da Resposta ao Item modela a probabilidade de acerto a um item por meio de uma função não linear do conhecimento dos examinandos. Desta forma, é possível comparar o conhecimento dos examinandos submetidos a provas diferentes, desde que elas meçam as mesmas características. Isto é particularmente útil quando se tem uma grande quantidade de tópicos de uma matéria a ser avaliada, mas os examinandos responderão apenas um conjunto pequeno de itens, evitando-se assim provas muito extensas (ANDRADE *et als*, 2000).

Como se trata de um sistema, o resultado do trabalho realizado pelos professores nas avaliações em pequena escala repercutirá no que vai ser obtido nas avaliações em larga escala.

7.2 Avaliação de Aprendizagem em Pequena Escala

Como referido, os tipos de avaliação de aprendizagem que o professor pode realizar, no âmbito de suas atribuições docentes, são: avaliação diagnóstica, avaliação formativa ou processual ou operacional e avaliação somativa ou de certificação. A seguir apresentamos alguns detalhes adicionais sobre estas formas de avaliação.

A avaliação diagnóstica é realizada normalmente no início das atividades de um período, com o objetivo de obter informações que embasem o planejamento das práticas docentes, definindo ênfases e abordagens necessárias durante o processo de ensino.

A avaliação formativa ou processual ou operacional é realizada durante o processo de ensino, com o objetivo de obter informação se o nível de aprendizagem pretendido foi alcançado. A ela o professor deve recorrer sempre que julgar oportuno certificar-se se os objetivos de aprendizagem efetivamente foram alcançados. Em caso negativo, ele deve planejar ações para superar as dificuldades percebidas a partir dos registros ou dos eventos que lhe tenham possibilitado tal percepção. Portanto, caso se constatem resultados insatisfatórios no processo em andamento, haverá intervenção para correção ou reorientação da ação com o propósito de se chegar ao resultado esperado (LUCKESI, 2011a).

A adjetivação da avaliação como formativa foi proposta por Benjamin Bloom e utilizada por Philippe Perrenoud; Luckesi (2011a) observa que, a despeito de outros autores adjetivarem a avaliação de outra maneira (José Eustáquio Romão a qualifica de dialógica; Jussara Hoffmann a refere como mediadora; Celso Vasconcellos a denomina de dialética), todos os qualificativos usados contêm em alguma profundidade a característica de diagnóstica, o que lhe possibilita complementá-la com uma intervenção construtiva para sanar falhas de aprendizagem constatadas, por meio do diálogo e da confrontação.

A avaliação somativa ou de certificação é realizada no fim de um período, para efeito de registro no histórico escolar dos estudantes, e tem como objetivo oferecer um certificado sobre a qualidade da aprendizagem detectada. Não há dúvida que esta não pode ser a única forma de avaliação que o professor realiza como parte de seu processo de ensino. O objeto de certificação acha-se (ou considera-se) pronto, e nenhuma intervenção imediata no processo ocorrerá para mudar a qualificação feita.

Em seguida, apresentamos uma breve revisão bibliográfica que cobre trabalhos relacionados à avaliação de aprendizagem em pequena escala.

7.3 Breve Revisão Bibliográfica sobre Avaliação de Aprendizagem em Pequena Escala

Como afirmado, a ênfase deste trabalho é sobre a aprendizagem em pequena escala, que é a forma que se pode utilizar com a Modelagem Matemática. Para isto, vamos analisar alguns trabalhos desenvolvidos nesta área.

Souza (1993) em artigo em que revisa a teoria da avaliação da aprendizagem, baseando-se nos trabalhos de Ralph W. Tyler (criador da "Avaliação por Objetivos", na qual a avaliação é definida como o processo de verificar o grau em que mudanças comportamentais ocorrem: a avaliação possibilita julgar o comportamento dos estudantes e com a educação pretende-se mudar tais comportamentos; em vez de simplesmente aprovar/reprovar, Luckesi (2011a) aduz, em reconhecimento ao mérito do trabalho de Tyler, que ele propôs a construção da aprendizagem), Hilda Taba, Willian B. Ragan, Robert S. Fleming, W. James Popham, B. S. Bloom (com J. T. Hastings e G. G. Madaus), Robert Ebel, Norma Gronlund e David P. Ausubel (com Joseph Novak e Helen Hanesian), conclui que estes autores defendem (p. 31): "uma avaliação centrada em objetivos que indicam os resultados esperados e em razão dos quais serão apreciados os resultados obtidos".

Portanto, objetivos educacionais são previamente identificados e o processo de avaliação busca julgar a extensão do alcance destes objetivos. A determinação do que será avaliado é parte indissociável do processo de avaliação.

A autora aponta que o maior consenso entre os autores recaiu em quatro pontos:

1) a avaliação deve ser contínua, ou seja, deve ser um procedimento presente desde o início até o fim do trabalho realizado com o educando (portanto, passando pela avaliação diagnóstica, avaliação formativa ou processual e avaliação somativa);

2) a avaliação deve ser compatível com os objetivos propostos; isto ocorre quando os procedimentos adotados são

capazes de detectar a ocorrência dos comportamentos previstos nos objetivos elencados;

3) a avaliação deve ser ampla. Isto exige do professor atenção particular a detalhes de natureza epistemológica que podem contribuir para que a aprendizagem não ocorra de forma efetiva. A amplitude aqui deve abranger a "avaliação de comportamentos do domínio cognitivo, afetivo e psicomotor" (op. cit., p. 37).

4) deve haver diversidade de formas de proceder à avaliação. Se o objetivo é abarcar todos os domínios citados não será possível que isto seja feito com um único instrumento ou com um só procedimento de avaliação. Desta forma, podem-se combinar dois ou mais procedimentos ou instrumentos de avaliação: a realização de testes, a realização de entrevistas, a aplicação de questionários, a coleta de atividades desenvolvidas pelo estudante, a observação do estudante em atividade, o registro e a interpretação dessas observações.

A avaliação diagnóstica é usada com o fim de identificar que estudantes merecem maior atenção do professor por deficiências de aprendizagem percebidas, como também orientá-lo na ênfase de que dado conteúdo exige abordagem mais aprofundada ou especial. No que diz respeito aos educandos com deficiência de aprendizagem, a ação do docente será concentrada em atenuar ou eliminar estas deficiências. No que diz respeito à identificação dos conteúdos que exigem abordagem especial (mais ou menos detalhada), o professor ajusta seu plano de aula para dar atenção a estes pontos.

A avaliação formativa ou processual é aquela que busca indicar que objetivos foram alcançados pelo estudante e os que não o foram. De posse desta informação, o professor atua para que a aprendizagem ocorra, ou seja, para que os objetivos propostos sejam alcançados. Portanto, possíveis erros cometidos pelo educando são fonte rica de informação para o professor, pois lhe revela as estratégias adotadas por ele. O professor pode, então, atuar em cima da origem do erro, com mais chance de corrigir as falhas de aprendizagem. As informações recolhidas por meio dos testes aplicados após dado conteúdo ter sido ministrado revelam se os objetivos foram atingidos, havendo tempo para recuperar a aprendizagem.

7.4 Etapas do Processo de Avaliação

A avaliação de aprendizagem vista como um processo desdobra-se em pelo menos três etapas (SOUZA, 1993): 1) a definição dos objetivos que se pretende alcançar com o processo de ensino; 2) a escolha de procedimentos de avaliação mais adequados, levando-se em conta os objetivos elencados; e, por fim, 3) a apreciação se os resultados de aprendizagem obtidos alcançaram os objetivos iniciais propostos.

Caso o professor constate que os objetivos não foram plenamente alcançados, ele deve planejar ações para superação dos obstáculos de aprendizagem verificados. Como exposto, isto pode envolver a revisão das práticas docentes adotadas, a fim de que ocorra o alcance pleno dos objetivos. Como se trata de um ciclo, o professor deve ficar atento à etapa de apreciação (etapa 3) dos resultados, para evitar que descubra muito tarde que os objetivos educacionais não foram atingidos, não havendo mais tempo para que as correções sejam feitas. É importante ressaltar que cada estudante é único: ele tem conhecimentos prévios diferentes de qualquer outro, o que faz com que seus tempos de aprendizagem também sejam diferentes, invariavelmente. O professor deve estar atento para cuidar desta complexidade de alguma forma, sem o que seus resultados não serão satisfatórios.

Se a avaliação não possibilita o retorno ao estudante para que ele veja a apreciação que foi feita (e até possa questioná-la, apresentando seus argumentos para a discordância), ela é inútil como instrumento de aprendizagem, servindo somente para mero registro escolar ou acadêmico. Então, o que dizer dos professores que não devolvem suas provas, apontando os erros cometidos e que apreciação fizeram das respostas dadas pelos estudantes?

Conclusões: a avaliação de aprendizagem em pequena escala é parte do processo de ensino. E tem o objetivo de determinar o domínio de habilidades (ou sua falta), possibilitando informações valiosas ao estudante e ao professor para a melhoria da aprendizagem ou como forma de incentivo, no caso de objetivos já alcançados .

7.5 Funções da Avaliação de Aprendizagem

Souza (1993) aponta três funções básicas para a avaliação de aprendizagem:

1) Diagnóstico: diagnosticar a situação do estudante em termos de interesses, conhecimentos e habilidades, constantes dos objetivos educacionais propostos. E, muito importante, identificar possíveis causas de dificuldades de aprendizagem.

2) Retroinformação: com base nos resultados alcançados, durante ou no fim do processo de ensino, replanejar adequadamente a prática docente;

3) Desenvolvimento individual: com base na apreciação feita e no diálogo com o professor, o estudante pode conhecer-se melhor, pelo estímulo de sua capacidade de autoavaliar-se.

Desvios podem ocorrer na avaliação de aprendizagem: uma forma de desvio é a sua utilização como maneira de punir os estudantes por algum comportamento que o professor considere condenável. Provas ou testes-surpresa são exemplos desta prática questionável. Outro desvio seria a utilização da avaliação de aprendizagem meramente para produzir uma nota ou um conceito final para o estudante, indicando sua aprovação ou reprovação. Centra-se a atenção na produção de nota ou conceito, descuidando-se da interpretação dos resultados, que poderiam indicar a necessidade de recuperações, a melhoria de procedimentos didáticos ou a avaliação da própria avaliação. Portanto, outros caracteres prevalecem sobre o aspecto educacional.

Hoffmann (2005, p. 55) centra a avaliação como atividade de mediação, com base em duas questões principais: "o que meu aluno compreende?"; "por que não compreende?". Segundo ela, formular estas duas questões é tarefa essencial da ação avaliativa, como primeiro passo com o fim de aproximar-se do estudante, procurando refletir sobre o significado de suas respostas, afinal decorrem da sua vivência. Neste trabalho de mediação é que o ensino se torna mais eficaz, levando a ganhos perceptíveis de aprendizagem, pela possibilidade de ir à origem de dada forma de compreensão de um conceito.

Depresbiteris (1993) aponta que a aprendizagem pode ser direcionada apenas para o domínio de conteúdo que será cobrado em uma prova final de uma unidade de ensino ou curso. Outros instrumentos de avaliação como trabalhos, participação em debates na sala de aula, registros de atividades desenvolvidas, dentre outros, são esquecidos pelo professor, e poderiam possibilitar inferência sobre o desempenho do estudante. Desta forma, a supervalorização do processo formal com a realização de provas e a desconsideração completa de processos de caráter informal com a concretização de atividades diversas impedem que se tenha uma medida correta do desempenho do estudante.

Alguns fatores de caráter psicológico podem afetar a avaliação realizada pelo professor. A forma ou a ordem como uma atividade é apresentada pelo estudante podem levar o professor a uma avaliação mais favorável do que a de outro que não tenha primado por estas qualidades. Até o comportamento dos estudantes pode constituir fator indutor da avaliação. O educando bem-comportado pode acabar com uma avaliação mais favorável do que aquele mal-comportado. Mesmo o cansaço do professor pode levar a distorções no seu julgamento: provas ou testes avaliados primeiro podem ter uma avaliação mais generosa; aqueles que ficarem para correção quando o cansaço chega provavelmente serão avaliados com mais rigor.

Há ainda o caso de professores que, diante de resultados insatisfatórios dos estudantes em avaliações, decidem atribuir atividades adicionais para "recuperar a nota", sem atentar para as razões que levaram ao mau resultado. Dentre outras razões, estão as falhas de aprendizagem. "Recuperar a nota" sem analisar o que levou ao resultado, sem atacar as causas com as atividades adicionais, é inaceitável.

O grande número de estudantes com que muitos professores trabalham dificulta a convivência que lhes permitam avaliar a aprendizagem adequadamente, então eles consideram mais justo atribuir-lhes média de resultados obtidos nos testes (dados resultantes de evidências comprováveis) (HOFFMANN, 2005).

O atual processo de aferição da aprendizagem escolar (essencialmente somativa) não leva à melhoria do ensino e da aprendizagem e, além disso, "ainda impõe aos educandos consequências negativas, como a de viver sob a égide do medo, pela ameaça de reprovação – situação que nenhum de nós, em sã consciência, pode desejar para si ou para outrem" (LUCKESI, 2011b, p. 54).

7.6 Procedimentos de Avaliação

São os meios pelos quais o professor obtém os dados que lhe interessam na avaliação. Como afirmado, o professor deve valer-se de diferentes procedimentos para fazer a avaliação, o que lhe permite olhares de perspectivas diferentes sobre a aprendizagem.

São exemplos de procedimentos de avaliação: provas, observação dos estudantes, registro e interpretação das observações, entrevistas com os estudantes, exame de trabalhos elaborados pelos estudantes, questionários, conversas e comentários dos estudantes, análise da escrita, da exposição de trabalhos, da participação em debates, testes orais e escritos e a própria autoavaliação do estudante.

Pode-se realizar avaliação formal e avaliação informal. A avaliação formal é aquela constituída de "atividades agendadas, com conteúdo claramente proposto e definido, com objetivos e critérios de avaliação específicos" (MONDONI & LOPES, 2009, p. 193). Constituem instrumentos de avaliação formal as provas, os testes orais ou escritos, a exposição de trabalhos. A avaliação informal é aquela que tem como instrumentos, por exemplo, a autoavaliação, a observação, o portfólio, a participação em debates, os comentários e as perguntas feitas durante as aulas, a participação nas redes sociais educacionais (fóruns eletrônicos, blogs da turma e outras tecnologias digitais).

A combinação das duas formas de avaliação é necessária, para dar conta de todos os estilos de aprendizagem, levando em consideração não só a linguagem escrita, mas também a linguagem oral, a capacidade de expressão gráfica, a linguagem corporal, dentre outras formas de expressão.

A avaliação de aprendizagem, da forma como entendida aqui, só tem sentido se tiver como ponto de partida e como ponto de chegada o processo pedagógico, de modo que, caso se constate não ter havido o alcance dos objetivos propostos, sejam estabelecidas estratégias para retomar o percurso a fim de alcançá-los (GARCIA, 1984).

Os resultados das provas não devem constituir-se verdades absolutas. Antes, devem levar à reflexão por parte do professor da razão por que uma resposta foi dada de uma forma diferente da esperada. O professor deve buscar explicações para o fato. Desta forma, antes da proposta aos estudantes, uma tarefa deve ser analisada, buscando-se resposta a (HOFFMANN, 2005, p. 49):

- Em que medida a tarefa proposta possibilita ao aluno a organização de ideias de forma própria, individual?

- O questionamento realizado permite a construção de variadas alternativas de solução?

- Qual a relação que a tarefa sugere com esta e outras áreas de conhecimento?

- As ordens dos exercícios são suficiente-mente claras, esclarecedoras ao aluno em termos das possibilidades de resposta?

Acresçam-se outras questões relevantes: a tarefa proposta não visa apenas avaliar a acumulação de informações (habilidade de memorização e reprodução em momentos de avaliação), tão apreciada algum tempo atrás? A tarefa proposta verifica o desenvolvimento de alguma competência particular? Entenda-se competência como a capacidade de o estudante mobilizar recursos variados (cognitivos) com o fim de tratar uma situação complexa (MORETTO, 2005). A utilização de alguns verbos nos enunciados possibilita avaliar se uma dada habilidade foi ou não adquirida: relacionar, correlacionar, identificar, analisar, aplicar, avaliar, dentre outros.

Quando proposta uma dada tarefa, o que acontece após o cumprimento por parte do estudante com a entrega do que foi pedido pelo professor? A avaliação consistirá em verificar tão-somente se a tarefa foi cumprida ou não? Nada será feito em relação à construção do conhecimento, após a análise dos trabalhos elaborados? Dúvidas havidas, caminhos alternativos que poderiam ter sido adotados, inadequações encontradas, não poderiam possibilitar a reconstrução do conhecimento?

7.7 Critérios de Avaliação

Depresbiteris (1993) define um critério de avaliação como um princípio tomado como referência para julgar alguma coisa. Deve ser consciente e explícito.

Na área de avaliação de aprendizagem são utilizados dois tipos de critérios: absoluto e relativo. A avaliação baseada em critérios absolutos confronta o desempenho do estudante com objetivos pré-estabelecidos e é mais apropriada para uso no processo de ensino e de aprendizagem. A avaliação baseada em critérios relativos é chamada avaliação baseada em normas e tem como objetivo identificar a posição de um estudante em relação ao grupo: é, portanto, mais indicada para processos de seleção ou classificação. Consequentemente, os resultados obtidos por um educando em uma ou outra forma de avaliação têm interpretações diferentes. Se um estudante obtiver 75 como nota em uma prova (avaliação baseada em normas), o significado desta nota estará relacionado à média do grupo; já se se trata de avaliação baseada em critério, a nota diz respeito a porcentagem de alcance dos objetivos pré-estabelecidos (op. cit.).

Com respeito à forma de expressão do resultado da avaliação, a utilização de conceitos (em vez de notas)

significa uma maior amplitude de representação. Pela própria complexidade da tarefa
avaliativa, o uso dos conceitos evita o estigma
da precisão e a arbitrariedade decorrente do
uso abusivo de notas (HOFFMANN, 2005, p.
45).

Apesar de os conceitos serem utilizados, mesmo os regi-
mentos escolares e acadêmicos, estabelecem relação com os
valores numéricos. Assim, onde se usam os conceitos "E" (Ex-
celente), "B" (Bom), "R" (Regular), "I" (insuficiente), respectivamente, estão associados aos valores 5, 4, 3 e 2, com os três
primeiros significando "aprovação" e o último "reprovação", se
se referirem a conceito final.

Em seguida, vamos tratar mais especificamente da avaliação em Matemática.

7.8 Avaliação de Aprendizagem em Matemática

Nesta seção, trataremos de alguns trabalhos que têm como
objetivo a avaliação de aprendizagem em Matemática.

A propósito da existência ainda hoje de professores, mor-
mente no ensino superior, cujas aulas se restringem à exposição da matéria no quadro, seguida de um exemplo e uma lista de
exercícios para os estudantes (o ensino tradicional, para o qual a
Modelagem Matemática é uma opção), Fischer (2008) comenta
que os estudantes acabam copiando passivamente a matéria,
às vezes chegam a fazer alguma pergunta, e depois tentam fazer os exercícios e então aguardam que o professor os resolva,
para terem a resposta no caderno. A autora pergunta diante desta forma de ensino: que esperar de um professor com semelhante perfil, senão a cobrança da matéria exposta, sem que o
estudante possa mostrar como reelaborou aquele conhecimento?

Dado que haja uma prova a aplicar, Fischer (2008) questiona se o raciocínio exigido nela foi estimulado e acom-panhado
em seu desenvolvimento, em aula. Deve-se considerar, adicio-

nalmente, que o momento de realização de provas é sempre de tensão, e fica difícil fazer reelaborações de um conteúdo conhecido, mas alguma reflexão deve ser exigida se houve preparação para isto do estudante durante as aulas. Com frequência, coerentemente com a forma de ensino adotado – essencialmente conteudista – muitas questões exigem apenas que tenha havido memorização pelo educando. Com respeito à elaboração da prova, escolhas arbitrárias de questões, sem propósito definido, muito menos critérios de correção (Buriasco, 2002). Sem gabaritos divulgados ou sem a resolução das questões em sala de aula e, às vezes, sem a entrega da prova com a apreciação registrada do docente, sói acontecer de o educando não saber nem ao menos o que extrair de informação da prova (o que efetivamente aprendeu, o que precisa ainda aprender). Buriasco (2002) aponta que a avaliação deveria dar oportunidade de o educando mostrar o que sabe fazer, e não apenas evidenciar o que não sabe.

Com relação à rigidez com que professores de Matemática encaram a prática avaliativa, Fischer (2008) rechaça a postura de não aceitar e até incentivar produções mais livres dos estudantes, sem as amarras da linguagem matemática. Isto faz com que se "percam excelentes oportunidades de conhecer melhor o modo como seus estudantes pensam e, consequentemente, de avaliá-los de uma forma mais completa, mais justa." (op. cit., p. 84).

Fischer (2008) relata em sua pesquisa a observação de um professor a respeito da perda de tempo representada pela devolução das provas corrigidas, e tendo que comentá-las na hora da entrega. Ele não considera este tempo como um momento valioso de aprendizagem para seus estudantes. E, na verdade, é.

Sobre as concepções que o professor vai formando ao longo de sua vida pessoal e profissional – e que Bourdieu (1983) chama de habitus – a pesquisa conduzida por Fischer (2008, p. 91) identifica como característicos de professores de Matemática, no que diz respeito a práticas de avaliação: "a preocupação com a objetividade, a adoção de procedimentos pouco flexíveis, a desvalorização do fazer pedagógico e a concepção positivista de rigor".

Muniz e Santinho (2010, p. 55) sugerem que o processo avaliativo apresente as seguintes características, "que devem permear a constituição dos registros constituídos pelos professores: 'ser transparente, formativo, integral e democrático'".

Quanto à transparência (*op. cit.*), o desempenho do aluno deve ficar evidente para ele, possibilitando-lhe compreendê-lo, visto que o trabalho foi realizado em sala de aula com registros que ele mesmo preencheu a partir de propostas de trabalho apresentadas pelo professor e tem noção clara de quais são os resultados satisfatórios. Esta transparência deve ser perceptível pelos pais e por toda a comunidade escolar.

A característica formativa do processo avaliativo decorre de conscientizar o estudante sobre seu desempenho e possibilitar que reflita sobre ele, assumindo responsabilidades com o professor e com seus pais. Portanto, o educando torna-se responsável por soluções que conduzam à sua aprendizagem e o levem "a desenvolver o máximo possível suas capacidades" (*op. cit.*, p. 56). Esta coparticipação do educando no processo de avaliação reforça a ideia de que a avaliação pode tornar-se um instrumento educativo.

A característica da integralidade do processo avaliativo é dada pelo fato de que ele vai além do conteúdo conceitual: pelas diferentes produções dos estudantes, por envolver procedimentos de diversas naturezas, pois "permite verificar habilidades relacionadas a diferentes dimensões da personalidade dos educandos...", indo "além do desenvolvimento cognitivo", alcançando outras habilidades ou capacidades (*op. cit.*, 59).

Por fim, o caráter democrático do processo avaliativo evidencia-se nas reuniões periódicas, em que os acordos são discutidos e firmados, e estabelece-se consenso entre os envolvidos nas atividades avaliativas (*op. cit.*).

Parece-nos muito bem posto por Lopes (2010, p. 136), sobre a avaliação de aprendizagem como processo, ao afirmar:

> ...um processo de avaliação precisa explicitar os objetivos propostos para o ensino e a aprendizagem; as capacidades que se pretende desenvolver durante o processo pedagógico; e quais conteúdos conceituais, procedimentais e atitudinais serão considerados. Os resultados que emergem desse processo devem ser utilizados para direcionar a intervenção pedagógica do professor, a fim de melhorar a aprendizagem, e para o aluno rever suas ações durante os estudos.

Nesta concepção, a participação do estudante é decisiva, como agente ativo na sua aprendizagem. A autoavaliação já foi destacada; ela assegura a responsabilidade do estudante em relação a sua aprendizagem e a sua autonomia. Na medida em que estejam cientes dos objetivos de aprendizagem que se pretende alcançar, e também dos critérios que serão utilizados para analisar seus avanços e obstáculos de aprendizagem, e pressupondo interação e diálogo constantes, pode-se falar em processo de avaliação em que ocorre autoavaliação e coavaliação (LOPES, 2010).

A importância da avaliação para a aprendizagem é destacada por Luckesi (2011b, p. 29) da seguinte maneira: "o investimento necessário do sistema de ensino é para que o educando aprenda e a avaliação está a serviço desta tarefa". Ele acrescenta (*op. cit.*, p. 29): "o educando não vem para a escola para ser submetido a um processo seletivo, mas sim para aprender e, para tanto, necessita do investimento da escola e de educadores, tendo em vista efetivamente aprender".

Segundo Buriasco (2002), o processo de avaliação em Matemática deveria mostrar, pelo menos, as escolhas feitas pelo educando ao tratar a questão que lhe foi proposta, a capacidade de ele se comunicar matematicamente (oralmente ou por escrito) para lidar com a questão, os conhecimentos matemáticos utilizados e a forma como interpretou sua resolução para chegar à resposta.

7.9 Avaliação da Aprendizagem em Modelagem Matemática

A discussão sobre a forma como fazer a inclusão de atividades de Modelagem Matemática na sala de aula, a despeito do número expressivo de relatos de experiência e de textos de dissertações e de teses que versam sobre o assunto, ainda merece atenção, no sentido de oferecer descrições mais precisas, que deem conta de tudo o que de relevante acontece. Por exemplo, no que diz respeito à possibilidade de diálogo educador-educando que leve à aprendizagem. Lendo os relatos, deduz-se que o diálogo enriquecedor ocorreu, mas ficou subjacente.

Almeida e Vertuan (2011), por exemplo, analisam algumas possibilidades de introdução de atividades de Modelagem no currículo e/ou nas aulas de Matemática a partir do trabalho de W. Blum e M. Niss. Com relação à familiarização dos estudantes com as atividades de Modelagem, Almeida e Vertuan (*op. cit.*) sugerem que isto seja feito de forma gradativa, identificando três momentos para sua concretização (p. 27-28):

> Em um primeiro momento, o professor coloca os alunos em contato com uma situação-problema, juntamente com os dados e as informações necessárias. A investigação do problema, a dedução, a análise e a utilização de um modelo matemático são **acompanhadas pelo professor**, de modo que ações como a definição de variáveis e de hipóteses, a simplificação, a transição para linguagem matemática, obtenção e validação do modelo, bem como o seu uso para a análise da situação são, em certa medida, **orientadas e avaliadas pelo professor**.
>
> Posteriormente, em um segundo momento, uma situação-problema é **sugerida pelo pro-**

fessor aos alunos, e estes, divididos em grupos, complementam a coleta de informações para a investigação da situação e realizam a definição de variáveis e a formulação de hipóteses simplificadoras, a obtenção e validação do modelo matemático e seu uso para a análise da situação. O que muda, essencialmente, do primeiro momento para o segundo é a independência do estudante no que se refere à definição de procedimentos extramatemáticos e matemáticos adequados para a realização da investigação.

Finalmente, no terceiro momento, os alunos, distribuídos em grupos, são responsáveis pela condução de uma atividade de modelagem, cabendo a eles a identificação de uma situação-problema, a coleta e análise dos dados, as transições de linguagem, a identificação de conceitos matemáticos, a obtenção e validação do modelo e seu uso para a análise da situação, bem como a **comunicação desta investigação para a comunidade escolar (grifo nosso)**.

Os trechos grifados acima são de etapas próprias para o diálogo professor-estudantes, ricos para a avaliação de aprendizagem, em que o domínio de conceitos e de algoritmos, as ações alternativas podem ser sugeridas, os encaminhamentos podem ser propostos. O professor pode dar-se conta do alcance dos objetivos de aprendizagem, podendo intervir para que isto ocorra se desvios forem percebidos.

No mesmo artigo, Almeida e Vertuan (*op. cit.*) destacam as discussões acadêmicas sobre o papel do professor e do estudante no desenvolvimento de atividades de modelagem em sala de aula e citam os "três casos" clássicos de Barbosa (o caso 1 em que o estudante participa com o professor somente da etapa de "Resolução"; as três primeiras etapas – a) Elaboração da situação-problema, b) Simplificação e c) Dados qualitativos e quantitativos – cabem ao professor, somente; no caso 2, o estudante só não participa da primeira etapa – Elaboração da situação-problema; no caso 3, o educando participa com o professor das quatro etapas. Por fim, os autores destacam que os três momentos que sugerem não correspondem à distribuição de atividades propostas por Barbosa, mas dizem respeito a uma forma gradativa como o estudante pode familiarizar-se com as atividades de Modelagem.

Mesmo os três casos de Barbosa podem ter melhor explicitação quanto à participação do professor no que respeita à avaliação de aprendizagem. Ao possibilitar que o estudante conduza seu processo de aprendizagem, é inquestionável que haja momentos em que o professor obtenha dados sobre o nível de aprendizagem alcançado pelo educando, sem o que ele não sabe quando sua atenção a um dado grupo é exigida. Isto pode ocorrer por meio de relatórios ou apresentações periódicas, observação das discussões em sala de aula, análise dos registros dos trabalhos em andamento ou quaisquer outros registros a que tenha acesso. A participação mediadora do professor é exigida, portanto, durante todo o processo de Modelagem.

7.10 Fases da Modelagem Matemática

Cada autor adota sua sequência de fases para o processo de Modelagem Matemática. Para Bassanezi (2000), as fases são: Experimentação, Abstração (composta de Seleção das variáveis, Problematização ou formulação de problemas, Formulação de hipóteses e Simplificação), Resolução, Validação e Modificação, como descrito na seção 2.1.

Para Almeida *et als* (2011), as fases são: Inteiração, Matematização, Resolução, Interpretação de resultados e Validação. A fase de Inteiração consiste em coletar informações sobre a situação-problema que se pretende estudar e encaminha "a formulação do problema e a definição de metas para sua resolução" (*op. cit*, p. 15). A fase de Matematização consiste em transformar a representação da situação-problema em linguagem matemática. A fase de Resolução (*op. cit.*, p. 16)

> consiste na construção de um modelo matemático com a finalidade de descrever a situação, permitir a análise dos aspectos relevantes da situação, responder as perguntas formuladas sobre o problema a ser investigado na situação e até mesmo, em alguns casos, viabilizar a realização de previsões para o problema em estudo.

Sobre a fase de Interpretação de resultados e Validação, Almeida *et als* (*op. cit.*, p. 16) afirmam:

> A interpretação dos resultados indicados pelo modelo implica a análise de uma resposta para o problema. **A análise da resposta constitui um processo avaliativo realizado pelos envolvidos na atividade e implica uma validação da representação matemática associada ao problema**, considerando tanto os procedimentos matemáticos quanto a adequação da representação para a situação. Essa fase visa, para além da capacidade de construir a aplicar modelos, ao desenvolvimento, nos alunos, da capacidade de avaliar esse processo de construção de modelos e os diferentes contextos de suas aplicações (**grifo nosso**).

> A parte grifada acima atesta que esta fase pode constituir-se em momento em que o professor efetuará a avaliação de aprendizagem processual do grupo, promovendo as correções necessárias, e realizando as explicações pertinentes para o desenvolvimento do trabalho. É óbvio que os estu-dantes podem fazer estas apreciações, mas, em algum momento, o professor precisa analisá-las, avaliá-las. Este momento pode ocorrer nas

revisões para serem realizadas em sala de aula, em etapas que podem ser programadas, constando de um cronograma de atividades do trabalho dos grupos.

Os autores afirmam que estas fases são exigidas na realização de uma atividade de Modelagem, mas podem não ocorrer de forma linear; em vez disso, um retorno a uma fase anterior pode ser necessária, tornando o processo iterativo (*op., cit.*).

Como conclusão, percebe-se que a Modelagem Matemática é um processo que, quando empregado em sala de aula, deve ser impregnado de avaliação de aprendizagem processual, – queremos dizer com momentos de diálogo professor-estudantes – sem que haja perda da autonomia dos estudantes na busca da construção de seus modelos matemáticos.

A propósito do papel do professor nas aulas mediadas por atividades de Modelagem Matemática, Almeida *et als* (2012) reitera que o professor aí é orientador, ou seja, aquele que indica caminhos, aquele que faz perguntas, aquele que não aceita o que não está bom, aquele que estuda para se preparar para a função. E acrescentamos: quando não está bom aproxima-se do grupo para conseguir as melhorias necessárias.

Almeida *et als* (2012, p. 25) aduzem que as "atividades de Modelagem Matemática são essencialmente cooperativas", realizadas por grupos de estudantes, recebendo estímulos dos professores. Como a cooperação pode ocorrer e entre que agentes? Uma forma é pela exposição que o grupo faz de seu trabalho para a turma: possibilita que estudantes de outros grupos e o próprio professor cooperem com sugestões, críticas, comentários. O mesmo pode estabelecer-se intragrupo também: as ideias de um estudante são debatidas, até que haja convergência. Exercita-se aí a prática de trabalho em grupo, tão importante para a vida profissional futura do educando, em que há valores consagrados (aceitação do outro, ponderação nos debates, argumentação e contra-argumentação, busca da convergência sem conflitos, organização, racionalização e divisão do trabalho para evitar perda de tempo, evitando-se que haja sobrecarga e não participação de membros do grupo).

Biembengut & Hein (2000) definem as seguintes etapas: 1) Interação: consiste na familiarização com a situação-problema; 2) Matematização: envolve a formulação do problema e sua resolução; e 3) Modelo matemático: a questão formulada na etapa anterior constitui o modelo matemático que, nesta etapa, será validado. Como forma de avaliação do processo de Modelagem, eles sugerem que se levem em conta dois aspectos principais (p. 27): "avaliação como fator de redirecionamento do trabalho do professor" e "avaliação para verificar o grau de aprendizado do aluno". Neste último ponto, pode-se avaliar, subjetiva e objetivamente, a aprendizagem do aluno. A avaliação subjetiva – baseada na observação do professor – pode considerar a participação do estudante, sua assiduidade, o cumprimento de tarefas que lhe são destinadas e o seu envolvimento no grupo. Quanto à avaliação objetiva – aquela baseada em provas, exercícios e trabalhos realizados – os autores sugerem que os seguintes critérios de avaliação sejam adotados (p. 28):

a) produção e conhecimento matemático
- consolidação de conhecimentos matemáticos teóricos;
- raciocínio lógico;
- operacionalização de problemas numéricos;
- crítica em relação a conceitos de ordem de grandeza;
- expressão e interpretação gráfica.

b) produção de um trabalho de modelagem em grupo
- qualidade dos questionamentos;
- pesquisa elaborada pelo aluno;
- obtenção de dados sobre o problema a ser modelado;
- interpretação e elaboração de modelos matemáticos;
- discussão e decisão sobre a natureza do problema levantado;
- adequação da solução apresentada;
- validade das soluções fornecidas pelo modelos;
- exposição oral e escrita do trabalho.

c) extensão e aplicação do conhecimento
- síntese, aliada à capacidade de compreensão e expressão dos resultados matemáticos;
- análise e interpretação crítica de outros modelos utilizados.

Por fim, os autores sugerem que os estudantes sejam informados previamente sobre os critérios de avaliação adotados.

Com relação à "avaliação do grau de aprendizado do aluno", analisando-se o que os autores descrevem sobre os aspectos subjetivos e objetivos, constata-se que se trata de avaliação somativa: a preocupação é em obter nota ou conceito final para os estudantes. Eles nada acrescentam quanto à "avaliação como fator do redirecionamento do trabalho do professor". Expresso desta forma, esta avaliação sugere que o professor pode, baseando-se no acompanhamento dos trabalhos realizados, fazer mudanças em sua prática docente. Em nenhum momento, há menção a algo que sugira a avaliação formativa ou processual.

A lista de três itens com os critérios sugeridos pelos autores para avaliação objetiva poderia ser muito bem aplicada como *checklist* (lista de verificação) em qualquer ocasião em que o professor interage com o grupo de estudantes para informar-se sobre o trabalho em desenvolvimento, possibilitando-lhe atuar como orientador, visando fortalecer a aprendizagem e o encaminhamento das ações, nas fases intermediárias do trabalho.

Na seção seguinte, apresentamos breve revisão de trabalhos sobre avaliação de aprendizagem com Modelagem Matemática.

7.11 Revisão Bibliográfica de Trabalhos em Avaliação de Aprendizagem e Modelagem Matemática

O primeiro trabalho da literatura nacional que relaciona avaliação de aprendizagem e Modelagem Matemática é devido a Borba, Meneghetti e Hermini (1999) e tem como título "Estabelecendo Critérios para Avaliação do Uso de Modelagem em Sala de Aula:

Estudo de Caso em um Curso de Ciências Biológicas". Os autores discutiram "o emprego de práticas pedagógicas baseadas no uso da Modelagem e de calculadoras gráficas, enfatizando questões relacionadas à Modelagem" (p. 95) e também se propuseram a definir critérios que pudessem justificar a avaliação negativa do trabalho desenvolvido por um grupo de estudantes (avaliando-o como mal-sucedido) e apontavam que estes casos (raros na literatura, visto que os relatos se prendem mais a casos positivos) possibilitariam avanços na Educação Matemática, em especial na área de que trata o artigo (Modelagem e novas tecnologias).   Desta forma, como a ênfase é sobre um exemplo que "não deu certo", eles formularam os seguintes critérios que justificariam por que não deu certo. "Não deu certo" devido a que (*op. cit.*, p. 101):

- O grupo de alunos não relacionar a matemática já estudada fora do curso com o problema que escolheu para investigar, mesmo quando a ligação é sugerida pelo professor ou por colegas. Neste caso, Matemática e o tema por eles escolhidos se apresentam de forma desconexa, com uma relação apenas superficial;

- O grupo de alunos não associar conceitos desenvolvidos durante o curso com o tema eleito por eles para ser investigado no início da disciplina (este critério é válido somente quando o conceito matemático é pertinente ao tema estudado pelo grupo;

- O grupo de alunos não conseguir, a partir do seu projeto, desenvolver ou tornar mais específico, conceitos matemáticos ou de outra natureza que estejam relacionados com o tema de pesquisa deles;

- O professor não conseguir detectar a tempo que, por algum motivo, o trabalho desenvolvido pelo grupo está deficiente;

- O professor, enquanto liderança (*sic*), se mostrar incapaz de propor rumos para um trabalho que se revelou deficiente para ele, posteriormente.

Alguns comentários iniciais sobre os critérios estabelecidos: do ponto de vista de avaliação de aprendizagem, este caminho não é adequado, pois os critérios estabelecidos por fim decorrem de inexistência ou falha no acompanhamento por parte do professor. Ou seja, simplesmente a avaliação de aprendizagem processual inexiste para cada critério que for atribuído ao trabalho de um grupo de estudantes. Os critérios só fazem sentido na avaliação somativa: o professor precisa justificar por que avalia de forma negativa o trabalho e aí recorre a um dos critérios propostos. Mas frise-se que todos eles têm por trás de si a carga negativa de um processo de ensino e, consequentemente, de aprendizagem, falho. O fato de os autores apontarem que não se deveriam dar destaque apenas aos exemplos positivos de propostas pedagógicas de dado autor não comporta avaliação ética favorável.

Um segundo trabalho, mais recente, é devido a Figueiredo, D. F. e Kato, L. A. (2012) e tem como título "Uma Proposta de Avaliação de Aprendizagem em Atividades de Modelagem Matemática na Sala de Aula". O artigo em questão segue a mesma linha do anterior, agora com a proposição de "parâmetros para a avaliação da aprendizagem significativa do estudante em uma atividade de Modelagem Matemática na sala de aula" (*op. cit.*, p. 276). As autoras concentraram-se nos três critérios iniciais propostos por Borba, Meneghetti e Hermini (1999), já citados, que se relacionam ao desempenho dos estudantes na execução da atividade. E, com base na Teoria da Aprendizagem Significativa, proposta por David Ausubel, com o objetivo de explicar os mecanismos como ocorrem a aquisição, a assimilação e a retenção de significados do conhecimento escolar.

Portanto, com base nos três critérios citados, as autoras se propuseram a estabelecer mecanismos por meio dos quais a avaliação de aprendizagem pudesse ser feita pelo professor, quando fossem desenvolvidas atividades de Modelagem em sala de aula. Estes mecanismos – chamados parâmetros de avaliação – têm caráter norteador e não padronizador, segundo elas, pois levam em conta vários elementos constitutivos do processo de aprendizagem, que aparecem de forma explícita ou implícita durante a condução da atividade.

Os três parâmetros de avaliação sugeridos são (*op. cit.*, respectivamente, p. 284, p. 286 e p. 287):

Parâmetro 1: O aluno, ao se deparar com uma situação nova, deve ser capaz de criar relações entre as características do desconhecido (novo) e aquilo que ele já sabe, *essas relações podem ser observadas por meio de elementos do pensamento criativo, tais como, fluência, originalidade e complexidade* (*sic.*).

Parâmetro 2: Após a atividade de modelagem matemática, *o aluno deve ser capaz de discernir o conceito matemático de sua aplicação nesse contexto. Mais ainda o aluno deve compreender que a utilização desse contexto extrapola aquele mobilizado na atividade* (*sic.*).

Parâmetro 3: O aluno deve perceber a atividade de Modelagem Matemática como parte da realidade, *relacionar criticamente a matemática envolvida no problema proposto, perceber sua importância para a sociedade e, utilizando o trabalho realizado, repensar sobre a situação nos seus vários aspectos* (*sic.*).

Excetuando-se o primeiro parâmetro, os demais são aplicáveis (ou verificáveis) somente após a conclusão da atividade de Modelagem. Isto significa que o primeiro parâmetro exige que o professor observe a participação, as discussões e os registros dos estudantes **durante** o desenvolvimento da atividade, possibilitando-lhe fazer comentários, dar orientações, fazer a mediação que lhe cabe no processo. Desta forma, a aplicabilidade deste parâmetro só terá sentido também na avaliação somativa, a exemplo dos outros dois.

Por isso, como já havíamos constatado com a análise do primeiro artigo, também este não valoriza a avaliação processual, que é a que possibilita a aprendizagem efetiva por parte dos estudantes. No entanto, reconheçam-se os méritos do trabalho no que diz respeito a reduzir a subjetividade da avaliação (so-mativa) a ser feita. E mesmo quanto à avaliação processual, os parâmetros formulados podem constituir pontos para atenção especial do professor durante o desenvolvimento da atividade de Modelagem, no sentido de reforçar seu trabalho de mediação.

Um terceiro trabalho na área em análise está relacionado ao trabalho anterior: trata-se da dissertação de mestrado da primeira autora (Figueiredo, 2013), de igual título, tendo como orientadora a segunda autora do artigo.

No fim da dissertação, a título de reflexões e considerações, ela menciona o artigo de Jerry Lége (2007), intitulado "*To model, or to let them model? That is the question!*" ("Modelar ou deixá-los modelar? Esta é a questão!"), em que o autor investiga qual a melhor abordagem de ensino para que os estudantes aprendam a modelar: quando os deixa examinar modelos previamente construídos ou quando eles mesmos modelam uma situação. Com este propósito, Lége (2007) trabalhou em um projeto envolvendo duas escolas de um distrito escolar perto de Nova York, em um curso de "Fundamentos de Matemática". Os sujeitos da pesquisa foram selecionados por idade e pelo nível de habilidade em Álgebra. Foge ao nosso escopo detalhar a pesquisa realizada por Lége (detalhes podem ser obtidos na dissertação acima mencionada), mas um ponto precisamos registrar (e que, certamente, foi o que atraiu o interesse da autora da dissertação): Lége formulou dois conjuntos de metas de desempenho para avaliação da atividade de Modelagem Matemática, incluindo considerações gerais sobre a modelagem, como uma atividade dinâmica, com potencial de adotar abordagens criativas; incluem também metas específicas para todas as etapas do processo de Modelagem. Na parte final de sua dissertação, a autora associa as quarenta metas de desempenho formuladas por Lége aos três parâmetros de avaliação que propôs e os aplica a uma atividade de Modelagem, constante da dissertação, em que utilizou os três parâmetros, com o objetivo de ampliar o espectro de abrangência destes parâmetros, atribuindo maior clareza à sua proposta de avaliação.

7.12 Modelagem Matemática e Avaliação de Aprendizagem

Dentre as formas de avaliação de aprendizagem propostas na literatura, identificamos a avaliação formativa ou processual como a mais apropriada para a condução dos trabalhos desenvolvidos com Modelagem Matemática na sala de aula. Como já posto, com a Modelagem, o professor deixa de ser o monopolizador das ações para a aprendizagem, passando para o estudante o papel de responsável pela sua aprendizagem. Acrescenta-se para o professor o papel de orientador, indicando caminhos, se for o caso, para os grupos de estudantes empenhados no desenvolvimento de seus projetos de modelagem. Portanto, é fundamental para o alcance dos objetivos de aprendizagem em ambientes de modelagem que o acompanhamento dos trabalhos dos grupos seja feito criteriosamente, regularmente. No diálogo com os grupos é que o professor vai perceber se seu envolvimento mais próximo é exigido, por conta das dificuldades de conteúdo porventura existentes, exigindo sua intervenção. Esta mediação deve ser feita de forma a que ele não acabe por monopolizar a condução do trabalho do grupo. Ao contrário, pode fazer sugestões, questionamentos, que levem o grupo a refletir e encontrar o caminho mais adequado para seu trabalho. Estas ocasiões favorecem a aprendizagem do grupo, possibilitando-lhe, de forma autônoma, analisar as alternativas existentes e escolher o caminho a trilhar.

No que tange ao professor, este processo de interação com os grupos indica-lhe as ações apropriadas para que os objetivos de aprendizagem sejam alcançados. Em qualquer momento, com o andamento dos trabalhos de modelagem em sala de aula, ele pode recorrer a alguma estratégia de exposição de conteúdo que se constate necessário aplicar em dado projeto.

Concluímos que a modelagem em sala de aula tem sua maior efetividade quando combinada com o diálogo professor-estudantes, possibilitando o envolvimento de todos no desenvolvimento do trabalho do grupo: a avaliação processual ou formativa permeia todo o processo, como forma de possibilitar que os objetivos de aprendizagem sejam plenamente atingidos.

CAPÍTULO 8. EXPERIMENTAÇÃO COM MODELAGEM MATEMÁTICA PARA O ENSINO DE FÍSICA[14]

O ensino das disciplinas experimentais de Física tem sido realizado com o uso de manuais ou roteiros das experiências. Esta abordagem tem-se mostrado limitada para aprendizagem de conceitos físicos por parte de estudantes. Em face disto, propomos neste capítulo uma estratégia de ensino baseado nas ideias de Zylbersztajn (1991) e Arruda, Silva e Laburú (2001) da ciência normal em sala de aula, com o uso da Modelagem Matemática e ênfase na experimentação de conceitos, leis e teorias.

8.1 Modelagem Matemática

O conceito de *modelo* não é explicitamente definido tanto nas teorias científicas quanto na teoria da educação. A ciência Física, mais especificamente, baseia-se em teorias a partir de observações e medidas de fenômenos da natureza. Segundo Bunge (2008, p.15), "toda teoria específica é, na verdade, um modelo matemático de um pedaço da realidade". Modelos aqui serão abordados na forma de descrição de fenômenos, por meio de uma linguagem matemática, em que é possível retratar suas características de funcionalidade. Evidentemente, que se trata de uma abordagem direcionada ao ensino das leis físicas que são utilizadas no propósito deste trabalho de investigação. Portanto, para efeito de um melhor entendimento, a partir dessa etapa, trataremos modelo como *modelo teórico*, considerado como leis e teorias da ciência Física que descrevem um determinado fenômeno, do qual seu propósito é o de justificar sua funcionali-

---

[14] Texto elaborado com base em: SILVA NETO, M. J. *Ensino de Física Pela Comparação Entre Experimento e Modelo Teórico com uso da Modelagem Matemática.* 2015. 132f. Tese (Doutorado em Educação em Ciências e Matemáticas) – Instituto de Educação Matemática e Científica, Universidade Federal do Pará, Belém (PA).

dade, seja pela lógica matemática ou pela comparação com a experimentação.

Para Bassanezi (2009), os modelos matemáticos podem ser formulados de acordo com a natureza dos fenômenos e classificados pelo tipo de matemática envolvida, conforme apresentado no Quadro 17.

Quadro 17 - Classificação dos modelos conforme suas características.

Tipo de Modelo	Característica
Linear ou Não Linear	Dependem das equações básicas.
Estático	Representa a forma do objeto.
Dinâmico	Variações de estágio do fenômeno.
Educacional	Baseado em pequenas ou simples suposições.
Aplicativo	Baseado em hipótese realistica com grande número de variáveis.
Estocástico	Dinâmica dos sistemas em termos probabilísticos.
Determinístico	Suposição de informações suficientes para que o futuro do sistema possa ser previsto.

Fonte: Elaborado pelo autor a partir das ideias de Bassanezi (2009).

Em nossa proposta, usaremos os modelos linear, dinâmico, educacional e determinístico, por melhor se encaixarem no processo de ensino dos conceitos físicos estudados num laboratório didático.

Como exemplo, o modelo que descreve o Movimento Retilíneo Uniforme (M.R.U.) de um corpo tem como modelo matemático a equação

$$x = x_0 + vt$$

que se trata de uma equação algébrica do primeiro grau nas variáveis (x e t), ou seja linear, que evolui conforme as características de movimento do corpo (dinâmico), podendo prever sua posição, conforme sua variação temporal (determinístico). O modelo do M.R.U. é classificado como um movimento simplificado da cinemática, de modo que quando é estudado não só no ensino médio, como superior, é atribuído um caráter de simplificação, ou seja, desprezam-se elementos que contribuem para o grau de fidelidade em relação à realidade, logo pela classificação do Quadro 5, o modelo é educacional.

Do exposto acima, consideraremos que os modelos utilizados em nossa investigação serão de caráter: educacional, linear, dinâmico, determinístico e estocástico, devido à natureza dos fenômenos que deles resultarão e serão utilizados no ensino de Física experimental.

Vamos considerar também o ambiente de um laboratório didático de Física, como um ambiente de ensino de Física Experimental para obtenção dos modelos teóricos (que também podem ser chamados de *modelos matemáticos*). É necessária uma ação definida como *modelagem matemática*, embora seu conceito não se limite apenas à obtenção de modelos, a modelagem matemática, segundo Bassanezi (2009, p. 35), "consiste na arte de transformar problemas da realidade em problemas matemáticos e resolvê-los interpretando suas soluções na linguagem do mundo real". De forma semelhante, Chaves e Espírito Santo (2011, p.13) definem a modelagem como:

> [...] tradução/organização de situações problemas, provenientes do cotidiano ou de outras áreas do conhecimento, segundo a linguagem simbólica da matemática, fazendo aparecer um conjunto de símbolos ou relações matemáticas - Modelo Matemático - que procura representar ou organizar a situação problema com vistas a compreendê-las ou solucioná-las.

E, complementando o fato de que a matemática tem aplicabilidade nas ciências em geral, a modelagem matemática é estendida a outras áreas do conhecimento, tornando-se inter e multidisciplinar, tanto na pesquisa quanto na educação, como metodologia que facilita o processo de ensino e aprendizagem. Esse pensamento é complementado por Bassanezi (2009, p. 35) ao afirmar que:

A utilização da modelagem matemática como estratégia de ensino de diversas áreas do conhecimento constitui um processo dinâmico usado com o objetivo de obter ou validar modelos matemáticos a partir da seleção, representação e análise de fatores representativos da situação problema em estudo, abordando-os a trabalhar com a simplificação da realidade.

Em nossa perspectiva, a Modelagem Matemática é tratada como estratégia no ensino experimental de Física, de modo que desenvolva características de investigação e análise crítica no aluno cujo aprendizado se fará por meio de dados empíricos. Neste caso, a Modelagem Matemática é formada por possibilidades envolvendo determinadas etapas, conforme define Chaves e Espírito Santo (2011) (Quadro 18).

Quadro 18. Proposta de Chaves e Espírito Santo (2011) da Possibilidade de Modelagem Matemática em Sala de Aula.

ETAPAS DO PROCESSO	POSSIBILIDADE		
	1	2	3
Escolha do Tema	Professor	Professor	Prof. / Aluno
Elaboração da Situação-Problema	Professor	Professor	Prof. / Aluno
Coleta de Dados	Professor	Prof. / Aluno	Prof. / Aluno
Simplificação dos Dados	Professor	Prof. / Aluno	Prof. / Aluno
Tradução do Problema / Resolução	Prof. / Aluno	Prof. / Aluno	Prof. / Aluno
Análise Crítica da Solução / Validação	Prof. / Aluno	Prof. / Aluno	Prof. / Aluno

Fonte: Chaves e Espírito Santo (2011).

Na possibilidade 1, o professor é responsável pela escolha do tema, elaboração da situação-problema, coleta e simplificação de dados, dividindo com o aluno a etapa de resolução e validação da situação-problema. Na possibilidade 2, o professor apenas escolhe o tema, cabendo ao aluno a coleta até a validação. Por fim, na possibilidade 3, o aluno assume todas as etapas desde a escolha do tema até sua validação, considerando-se que todas as etapas são acompanhadas e orientadas pelo professor.

O acompanhamento do professor se faz necessário como forma de desenvolver no aluno as características de investigação, como meta para o entendimento do conceito implícito no modelo. Chaves e Espírito Santo (2011, p.3) destacam que:

> Atuar como mediador demanda do professor, dentre outras coisas, que ele coloque os alunos em situações que possam interpretar, explicar, justificar e avaliar o "melhor" modelo; que ele tenha ampla compreensão da diversidade de abordagens que os alunos podem adotar o que necessita saber ouvir os alunos em suas interpretações, organiza-ções e explorações de modelos; que ele saiba oferecer representações matemáticas úteis às ideias dos alunos de modo que possam desenvolver suas ideias por meio de conexões com as representações anterior-mente utilizadas e que ele domine um amplo espectro de intervenções pedagógicas.

Em nossa investigação, optamos pelo uso da possibilidade 2, visto que a aplicação da modelagem matemática se dá nas disciplinas experimentais de Física em que o aluno executa o experimento, coleta os dados, os avalia e os valida, cabendo ao professor a apresentação da situação-problema e um acompa-nhamento desde a execução até a validação, podendo ocorrer algumas intervenções para que se evitem desvios de medidas e/ou interpretações.

De forma semelhante, para Bassanezi (2009), a Modelagem Matemática é um conjunto de etapas utilizadas para obtenção e validação de modelos matemáticos, a partir de circunstâncias de um problema real. A Modelagem na situação de ensino e aprendizagem possibilita que alunos e professores adquiram determinadas peculiaridades, como estímulos e habilidades.

Ao propor um processo de Modelagem, originado a partir de um problema ou situação real, Bassanezi (2009) propõe cinco ações para sua execução: Experimentação, Abstração, Resolução, Validação e Modificação.

A *experimentação* é a ação de laboratório, em que os dados empíricos são tratados por meio de técnicas estocásticas e que facilitam a composição do modelo teórico.

A ação de *abstração* é dividida em quatro etapas: seleção de variáveis (definição das variáveis que agem no sistema), problematização (definição de um problema, pelo qual se busca a solução), formulação de hipótese (princípio a partir do qual se pode deduzir um determinado conjunto de consequências; suposição, conjectura) e simplificação (reduzir a complexidade de um problema para condições de obter soluções matemáticas viáveis).

Na *resolução*, o problema (obtenção do modelo) é resolvido por uma solução matemática analítica ou aproximação numérica (computacional).

A *validação* serve para verificar se o modelo proposto pode ou não ser aceito. Este processo ocorre quando os dados experimentais se adequam à hipótese proposta para que o modelo seja viável ou necessite de uma melhor precisão nas medidas.

A ação de *modificação*, se necessário for, é a reformulação do modelo proposto, em razão de determinados fatores, como, por exemplo: hipóteses falsas ou insuficientes, dados experimentais inexatos, interpretação incorreta da teoria matemática.

Basicamente, o processo de Modelagem Matemática proposto por Bassanezi (2009) inicia-se com um problema não matemático, que passando por uma ação empírica, obtém dados experimentais (experimentação) e chega-se à solução via modelo matemático, que deve possuir coerência de solução do problema proposto (Figura 7).

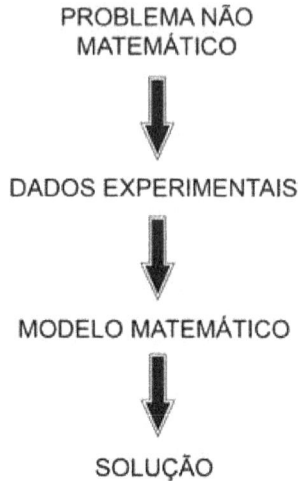

PROBLEMA NÃO
MATEMÁTICO

⬇

DADOS EXPERIMENTAIS

⬇

MODELO MATEMÁTICO

⬇

SOLUÇÃO

Figura 7. Proposta de Bassanezi (2009) para modelagem matemática.

Fonte: Elaborado pelo autor (2014).

Portanto, essas quatro ações são necessárias para o uso da Modelagem Matemática na medida de grandezas físicas, de modo que esta abordagem proposta por Bassanezi, somando-se à proposta de Chaves; Espírito Santo (2011) formam um conjunto teórico coeso e bem estruturado que abrangerá os objetivos desse trabalho no que se refere ao uso da Modelagem Matemática.

8.2 Laboratório Didático

Na literatura que pesquisa o ensino de Física, as atividades pedagógicas de laboratório ou ensino de Física experimental constituem uma das mais importantes ferramentas didáticas no ensino de ciências (AZEVEDO, 2009). Nesse sentido, Alves Filho (2000, p.174) afirma que:

A Física sempre esteve muito ligada aos procedimentos e práticas experimentais, tanto que se acredita que ela, dentre as Ciências Naturais, sempre foi – e continua sendo – aquela que tem uma relação bastante estreita com atividades ligadas ao laboratório. Este pensamento tornou-se tão fortemente arraigado, que levou à introdução do laboratório nos cursos de Física, pois se, para fazer Física, é preciso do laboratório, então, para aprender Física, ele também é necessário.

O laboratório didático de Física nos cursos superiores é um ambiente pedagógico propício ao ensino de Física. Nele, são realizados experimentos destinados à aprendizagem de conceitos e leis inseridos nos conteúdos das disciplinas experimentais de Física.

Como forma de entender melhor a função do laboratório didático no contexto do ensino, é apresentada no Quadro 19 uma categorização, conforme classificado por Alves Filho (2000) e adotado por outros autores.

Quadro 19. Classificação dos Laboratórios Didáticos - Alves Filho (2000, p. 175-177).

Tipo	Características
Laboratório de Demonstrações	O papel ativo é o do professor, enquanto ao aluno cabe a atribuição de mero espectador. A função básica destas atividades é ilustrar tópicos trabalhados em sala de aula. No entanto, não se excluem outras funções, tais como: complementar conteúdos tratados em aulas teóricas; facilitar a compreensão; tornar o conteúdo agradável e interessante; auxiliar o aluno a desenvolver habilidades de observação e reflexão e apresentar fenômenos físicos. Ferreira (1978) acredita que este tipo de experiência seja mais motivador para aqueles que as realizam (professores!) do que para os observadores (alunos).
Laboratório Tradicional ou Convencional	Ao se transferir a atribuição de manipular os equipamentos e dispositivos experimentais ao aluno, tem-se o laboratório tradicional, ou laboratório convencional. Geralmente a atividade é acompanhada por um texto-guia, altamente estruturado e organizado (tipo cook-book), que serve de roteiro para o aluno. Mesmo tendo uma participação ativa, a liberdade de ação do aluno é bastante limitada, assim como seu poder de decisão. Isto porque ele fica tolhido, seja pelo tempo de permanência no laboratório, seja pelas restrições estabelecidas no roteiro, seja pela impossibilidade de modificar a montagem experimental.Os experimentos, devido ao seu grau de estruturação, reduzem o tempo de reflexão do aluno, assim como a decisão a ser tomada sobre a próxima ação ou passo experimental. Variáveis a serem observadas e o que medir e como medir fogem totalmente da esfera de decisão dos alunos, pois tudo está "receitado" no guia ou roteiro experimental. Outra característica comum é que o relatório experimental é o "ápice" do processo. Tudo é dirigido para a tomada dos dados, elaboração de gráficos, análise dos resultados e comentários sobre "erros experimentais".
Laboratório Divergente	O laboratório divergente foi uma proposta que veio de encontro ao laboratório tradicional (ou convencional), pois não apresenta a rigidez organizacional deste. A ênfase não é a verificação ou a simples comprovação de leis ou conceitos explorados com exaustão no laboratório tradicional. Sua dinâmica de trabalho possibilita ao estudante trabalhar com sistemas físicos reais, oportunizando a resolução de problemas cujas respostas não são pré-concebidas, adicionado ao fato de poder decidir quanto ao esquema e ao procedimento experimental a ser adotado. O enfoque do laboratório divergente prevê dois momentos ou fases distintas: a primeira fase denominada de "exercício" é o momento em que o estudante deve cumprir uma série de etapas comuns a todos os alunos da classe. Esta etapa prevê a descrição detalhada de experiências a serem realizadas, os procedimentos a serem adotados, as medidas a serem tomadas e o funcionamento dos instrumentos de medida. O objetivo desta fase é a familiarização, por parte dos alunos, com os equipamentos experimentais e técnicas de medida. Ela visa muito mais a um treino e ambientação do aluno no laboratório, preparando-o para a segunda fase. Esta fase é denominada de "experimentação". Agora, caberá ao aluno decidir qual atividade realizará, quais seus objetivos, que hipóteses serão testadas e como realizará as medidas. Após o planejamento, o aluno estabelecerá uma discussão com o professor, com o intuito de realizar eventuais correções e, principalmente, de viabilizar a atividade com o material disponível e dentro do prazo previsto.

Fonte: Elaborado pelo autor (2014) a partir de Alves Filho (2000).

8.2.1 Tipos de Abordagens no Laboratório Didático

Das três classificações vistas acima é possível termos noção que tipo de laboratório didático se tem quanto à proposta do ensino de Física experimental no nível universitário, cujos objetivos visam um melhor entendimento dos fenômenos físicos. Porém, quanto às estratégias usadas para atingir estes objetivos, pode-se, sem muito rigor, dividi-las em *estruturadas* e *não estruturadas*.

> [...] 'laboratório estruturado' dá ao aluno proce-dimentos detalhados, enquanto que 'laboratório não estruturado', simplesmente especifica o objetivo e deixa o procedimento a cargo do aluno. Por exemplo, o laboratório estruturado enfatiza a verificação experimental dos princí-pios físicos enquanto que o não estruturado encorajaria a redescoberta desses princípios (MOREIRA, 1980, p. 368).

De modo semelhante e dando continuidade às abordagens apresentadas por Moreira (1980), Ribeiro; Freitas; Miranda (1997) apresentam três tipos de abordagens para o ensino de laboratório, sendo elas: *programado*, *ênfase no experimento* e *sob um enfoque epstemológico,* que estão relacionadas com o conceito de *laboratório estruturado* e *não estruturado* (Quadro 20).

A primeira está relacionada à linearidade do ensino de laboratório didático, em que o aluno direciona suas ações numa atitude de passividade, sem qualquer interesse pelo real significado da medida. Uma das justificativas para tal atitude é um excessivo uso de textos (roteiros) que apresentam os objetivos e os modelos conceituais como regras a serem seguidas, sem espaço para alternativas metodológicas.

As duas outras propostas, além de desenvolverem as características de habilidade de manuseio de aparelhos e aprendizagem da experimentação, libertam as ações do aluno e propiciam o mínimo de intervenção do docente, de modo a desenvolver, não só a um preparo para a pesquisa, como também uma maturidade acadêmica de buscar o conhecimento por conta própria. São abordagens, conforme veremos na próxima seção, que estão de acordo com o processo de modelagem matemática como estratégia do ensino de ciências, particularmente na Física experimental.

Quadro 20. Tipos de laboratório no contexto do ensino e abordagem.

TiposRelativos à Abordagem (Ribeiro - 1997)	TiposRelativos à Disposição (Moreira -1980)	Características
Ensino de Laboratório Programado	Laboratório Estruturado	Destina-se aos objetivos de propiciar a aprendizagem de habilidades de manuseio de aparelhos e a aprendizagem do conteúdo ministrado em sala de aula; os roteiros utilizam algum modelo de ensino como referencial teórico-pedagógico e possuem procedimentos bem detalhados.
Ensino de Laboratório com Ênfase na Estrutura do Experimento	Laboratório NãoEstruturado	Destina-se aos objetivos de propiciar a aprendizagem de habilidades de manuseio de aparelhos, a aprendizagem de conteúdo ministrado em sala de aula e a aprendizagem da experimentação, levando o estudante a identificar a estrutura do experimento; os roteiros utilizam algum modelo de ensino como referencial teórico-pedagógico e os procedimentos não são detalhados.
Ensino de Laboratório sob um Enfoque Epistemológico	Laboratório Não Estruturado	Destina-se aos objetivos de propiciar a aprendizagem de habilidades de manuseio de aparelhos, a aprendizagem de conteúdo ministrado em sala de aula e a aprendizagem da experimentação, levando o estudante a identificar a natureza do conhecimento e como ele é produzido no laboratório; os roteiros utilizam algum modelo de ensino como referencial teórico-pedagógico e os procedimentos não são detalhados, apenas auxiliam a determinação da natureza do conhecimento, fornecendo um modelo heurístico que auxilia na compreensão da estrutura epistemológica dos experimentos.

Fonte: Elaborado pelo autor a partir de Ribeiro; Freitas; Miranda (1997) e Moreira (1980).

É importante perceber que nas três abordagens o roteiro se faz presente de forma direta. Na primeira, é considerado como instruções dos passos a serem seguidos para execução do experimento, a fim de se obter os resultados esperados, enquanto que na última, ele não apresenta detalhes, apenas auxilia nos procedimentos que se fazem necessários com a instrução do professor; os detalhes da execução são responsabilidade do aluno.

Atualmente, os roteiros do laboratório estruturado e programado seguem a seguinte ordem, relativa às etapas: Objetivo, Fundamentação Teórica, Material Utilizado e Atividade Experimental.

A primeira parte do roteiro é relativa à conceituação e começa com o *objetivo*, em que é apresentada, de imediato, qual grandeza se deve medir e/ou quais teorias e leis devem ser comprovadas, fazendo com que o aluno engesse o destino final de sua aprendizagem. Em seguida, na *fundamentação teórica*, é exposto um resumo do modelo teórico proposto pelo objetivo. Os teoremas e as leis são apresentados: alguns deduzidos de forma detalhada, outros apenas mostrados, para que o aluno siga uma trajetória que atenda exatamente o que se deseja ensinar.

Na segunda parte, inicia-se a experimentação com a apresentação do *material utilizado*, que nada mais são que os instrumentos de medidas e acessórios necessários à execução do experimento. Trata-se de um processo bem direcionado ao resultado, obrigando o aluno a ter uma atitude passiva com sua aprendizagem, conforme relatam Ribeiro; Freitas; Miranda (1997, p. 446):

> Os alunos, simplesmente, seguem um roteiro tipo "receita", pronta e acabada, para obter resultados já esperados, sem nenhuma reflexão sobre o experimento, não levando, assim, a atender o objetivo da ilustração e facilitação do conteúdo ministrado na aula teórica, o que os leva a assumirem uma postura de observadores externos àquela experiência que está sendo feita.

Entretanto, que fique bem claro que não estamos descartando o roteiro por completo ou o elegendo como culpado único pelo desgaste do processo de ensino experimental no laboratório didático. Apenas o apresentamos como um modelo que gera fissuras no processo de ensino empírico, podendo ele ser remodelado, como apresentado no laboratório não estruturado com ênfase na estrutura do experimento e sob o enfoque epistemológico.

É evidente que um dos objetivos principais do roteiro é a funcionalidade do experimento, ou seja, dependendo do grau de complexidade do instrumento, é necessário um texto de orientação que facilite seu manuseio e não comprometa os dados coletados com os chamados erros aleatórios e sistemáticos.

Quanto aos tipos de experimentos utilizados num laboratório didático de Física, Azevedo (2009) fez uma classificação para seu estudo relativo ao uso do experimento no ensino de Física. Trata-se de uma classificação que varia conforme a abordagem, grau de complexidade, funcionalidade e aspectos históricos (Quadro 9), e que também podem ser inseridos no contexto dos laboratórios estruturados e não estruturados, assim como nas abordagens propostas por Ribeiro; Freitas; Miranda (1997), apresentadas no Quadro 21.

Quadro 21. Tipos de laboratório no contexto do experimento.

Tipo de Experimentos	Características
Demonstrativos (D)	Experimentos demonstrativos com aparatos de montagem simples (DS): propostas de atividades experimentais de caráter demonstrativo, a partir de montagens experimentais simples, utilizando-se, muitas vezes, de sucatas e de objetos do cotidiano.
Quantitativos (Aparatos de Montagem Simples) (Q)	Propostas a partir de aparatos que podem ser montados por professores do ensino médio. Nesta categoria, enquadram-se as propostas que buscam realizar medições a partir dos aparatos montados.

Quantitativos (Aparatos de Montagem Sofisticados) (QS)	Aparatos experimentais mais sofisticados e precisos, tais como aqueles utilizados nos laboratórios de Física básica das universidades, produzidos por firmas conceituadas. Nesta categoria, encontram-se ainda as propostas com as famosas fichas de laboratório com roteiros prontos, nos quais os passos das atividades já estão programados.
Problematizadores (P)	Nesta categoria, enquadram-se as atividades experimentais que se baseiam numa proposta de ensino investigadora. Neste caso, o experimento tem um papel importante como ponte de ligação entre os conteúdos que se quer ensinar e os conhecimentos e experiências que os alunos possuem, materializados através de suas interpretações.
Reconstruções de Aparatos Históricos (RH	Nesta categoria, se inserem atividades a partir de reconstruções de experimentos históricos, fidedignas ou híbridas.

Fonte: Elaborado pelo autor a partir de Azevedo (2009).

8.3 Características das Medidas

Definidos tipos, peculiaridades e abordagens do laboratório didático de Física, passamos então às características das medidas, que estão relacionadas ao resultado obtido na coleta de dados, a partir do instrumento de medida e que são constituídas por: *medição*, *grandeza física*, *medição numérica* e *unidade de medida* (Figura 8).

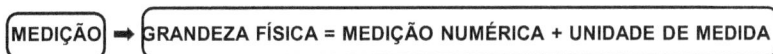

MEDIÇÃO ➡ GRANDEZA FÍSICA = MEDIÇÃO NUMÉRICA + UNIDADE DE MEDIDA

Figura 8. Constituição do processo de medida.
Fonte: Elaborado pelo autor (2014).

8.3.1 Medição

A medição teve início com o ato do ser humano de contar (quantificar as coisas). Associar os números a um elemento deu significado à quantidade, ou seja, algumas necessidades quotidianas, como o número de alimentos, membros da família, temperatura ambiente, são associados com um valor numérico a fim de que sejam úteis para a vida do homem.

Para um completo entendimento da medição, é necessário conhecer o conceito de *unidade de medida, grandeza física* e *mensurando*. Estes entes físicos dão o real significado ao ato de medir na Física experimental.

8.3.2 Unidade de Medida

A *unidade de medida*, ou simplesmente *unidade*, é um padrão de medida que está associado a uma entidade física. Ao longo da evolução humana, o homem sentiu necessidade de aprimorar seus sistemas de medidas, até então composto apenas da quantificação numérica. Uma das primeiras unidades definidas foi para o comprimento, baseado inicialmente na anatomia humana, tais como o tamanho dos pés, cabeça, distância entre membros. Em seguida, foram aprimoradas para distâncias geográficas, como, por exemplo, as distâncias entre determinados países europeus. E, finalmente, nos dias atuais, está baseado na estrutura de elementos da natureza.

De início, as unidades não eram padronizadas internacionalmente e determinados países tinham suas próprias unidades de medida, até que, com a evolução da metrologia (ciência das medições), em 1960, na 11ª Conferência de Geral de Pesos e Medidas, decidiu-se por um novo Sistema Internacional de Unidades (SI), que foi adotado progressivamente em escala mundial (CREASE; SCHLESINGER, 2011).

No SI, as unidades são classificadas em *unidade de base, unidades suplementares* e *unidades derivadas*. Unidades de base são entes físicos fundamentais que não derivam de outras unidades. O valor da maioria das unidades básicas é constante, embora algumas tenham sofrido alterações com o tempo. Um exemplo típico é o *metro*, que até 1983 era definido como 1.650.763,73 comprimentos de ondas da raia alaranjada da luz da lâmpada de criptônio 86, que foi substituída pelo atual modelo, baseado no comprimento que a luz percorre em um dado intervalo de tempo quando viaja no vácuo.

Evidentemente que como em todo processo de medida o valor final está associado a uma incerteza (erros de medidas, que definiremos na próxima Seção), isso faz com que essas unidades possam alterar seu valor de acordo com o aprimoramento dos métodos de medidas, ou até mesmo pela ação do tempo. Um problema típico é a massa, pelo fato de ser a única entidade física que não depende de um método empírico para ser definida; convencionou-se um artefato físico (protótipo internacional do quilograma) como referência. Com o passar do tempo, constatou-se que este objeto começou a sofrer desgaste; isso fez com que a comunidade científica pesquisasse um modo de obter um padrão para massa sem estar baseado num objeto físico. Até o momento, é um problema aberto.

Para complementar as unidades de base, são acrescentadas mais duas unidades de natureza matemática, que são definidas como unidades suplementares: ângulo plano (radiano – rad) e ângulo sólido (esterradiano – sr). No Quadro 22, encontram-se as sete unidades de base, segundo o Sistema Internacional de Unidades (SI) (ALBERTAZZI JÚNIOR; SOUSA, 2008).

Portanto, as sete unidades de base mais as duas unidades complementares são suficientes para originar qualquer outra unidade, que é definida como unidade derivada, ou seja, qualquer unidade física, que não é classificada como básica e suplementar, é o resultado da combinação dessas unidades. Como exemplo, citemos a força mecânica, cujo símbolo é o Newton (N) e tem como combinação de unidades de base o comprimento (m), a massa (kg) e o tempo (s^{-2}).

Quadro 22. Unidades de Base do Sistema Internacional de Unidades (SI).

ENTIDADE FÍSICA	DEFINIÇÃO DE UNIDADE	SÍMBOLO	INCERTEZA
Comprimento	O *metro* é o comprimento do trajeto percorrido pela luz, no vácuo, durante o intervalo de tempo de 1/299.792.458 do segundo.	m	10^{-12}
Massa	O *quilograma* é a unidade de massa que é igual à massa do protótipo internacional do quilograma.	kg	2×10^{-9}
Tempo	O *segundo* é a duração de 9.192.631.770 períodos de radiação da transição dos níveis hiperfinos do átomo de césio 133.	s	10^{-15}
Intensidade de Corrente Elétrica	O *ampère* é a intensidade de uma corrente elétrica constante.	A	9×10^{-8}
Temperatura Termodinâmica	O *kelvin* é a fração 1/273,16 da temperatura termodinâmica do ponto tríplice da água.	K	3×10^{-1}
Intensidade Luminosa	A *candela* é a intensidade luminosa numa dada direção de uma fonte que emite uma radiação monocromática de frequência 540×10^{12} hertz.	cd	10^{-4}
Quantidade de Matéria	O *mol* é a quantidade de matéria de um sistema contendo tantas entidades elementares quantos átomos existem em 0,012 quilograma de carbono12.	mol	2×10^{-9}

Fonte: Elaborado pelo autor a partir de Albertazzi Júnior; Sousa (2008).

8.3.3 Grandeza Física

A *grandeza física* é um elemento sujeito a um processo de medida com o objetivo de facilitar o estudo e a descrição de fenômenos físicos. Classifica-se em *grandeza extensiva* e *grandeza intensiva*.

A grandeza de um sistema físico é extensiva quando existir uma dependência direta (proporcional) em relação à massa, ou seja, o sistema depende da quantidade de matéria, como, por exemplo, a energia, enquanto que na grandeza intensiva não ocorre dependência em relação à massa, como, por exemplo, a temperatura.

Um conceito mais abrangente da grandeza física é considerarmos uma composição de uma quantidade numérica com sua unidade. Portanto, admitindo G uma grandeza física qualquer e $U(G)$ sua unidade equivalente, a medida numérica $m(G)$

é o resultado da comparação de G com a unidade U e é definida como a *medição* da grandeza G.

$$G = m(G) U(G).$$

Como exemplo, consideremos a medida de uma força(F) de 7 Newtons (N).

$$F = 7 N$$

$$G \rightarrow F, \quad m(G) \rightarrow 7, \quad U(G) \rightarrow N.$$

8.3.4 Mensurando

O *mensurando* é a descrição de uma grandeza física baseada num processo de medição. Comumente, o mensurando só tem significado se forem considerados certos estados e condições físicas.

Como exemplo de um mensurando, a medida da velocidade do som no ar seco. As informações das medidas são: composição (fração molar) N_2 = 0,780 8, O_2 = 0,209 5, Ar = 0,00935 e CO_2 = 0,00035, na temperatura T= 3,15 K e pressão P = 101325 Pa.

Sendo assim, o mensurando depende de várias informações contidas no processo de medidas, em conformidade com o Guia para a Expressão de Incerteza de Medição (GUN) (BARATTO, 2012, 49):

> Assim, na medida em que deixa margem a interpretação, a definição incompleta do mensurando introduz, na incerteza do resultado de uma medição, um componente de incerteza que pode ou não ser significativo para a exatidão requerida da medição.

Mensurando e grandeza física são conceitos representativos um do outro.

Retornando ao conceito de medição, conforme definem Albertazzi Júnior; Sousa (2008, p. 3):

> Medir é o procedimento experimental pelo qual o valor momentâneo de uma grandeza física (mensurando) é determinado como um múltiplo e/ou uma fração de uma unidade, estabelecida por um padrão e reconhecida internacionalmente.

A medição como uma atitude técnica para a medida de fenômenos físicos é classificada em três ações: monitorar, controlar e investigar.

Monitorar é observar e registrar o valor de uma grandeza, que pode ser momentânea ou acumulativa. Controlar é observar, registrar e agir para manter os valores da grandeza num determinado limite predefinido. Investigar é pesquisar a natureza da grandeza, de modo que sua medida de um significado a um modelo teórico obtenha conhecimentos de situações reais.

A investigação por meio da medida de grandezas também é associada ao ensino de ciência experimental. O modelo atual é constituído de etapas que fazem dessa medida o elemento principal do modelo a ser ensinado, que por sua vez está associado ao conteúdo das disciplinas (Figura 9).

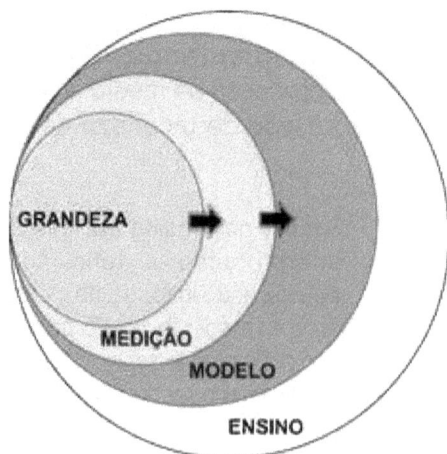

Figura 9. Processo de medição da grandeza até o modelo.
Fonte: Elaborado pelo autor (2014).

8.3.5 Erros

O processo de medição de uma grandeza física é um conjunto de procedimentos que visam obter resultados numéricos. Por mais cuidadosas que sejam as realizações das medidas, ocorrem desvios nos resultados, não sendo possível obter um valor "verdadeiro" que descreva por completo a grandeza. Esses desvios nos resultados são definidos como *erros* ou *incertezas*.

O erro como elemento de investigação no processo de aprendizagem experimental será aqui classificado como *erro de medida, erro de ação* e *erro de investigação*. Ao se considerar dados empíricos com conotação de medidas científicas, suas incertezas são tratadas como erros de medidas, enquanto que as ações relativas à execução do experimento, assim como a análise dos resultados que não estão de acordo com a validação da teoria são tratados como erros de ação e investigação, respectivamente.

Nas disciplinas experimentais de Física, o ato de medir, inicialmente faz-se pelas ações, com o preparo do experimento por meio da montagem adequada ao problema proposto. Nessa etapa, é comum que aconteçam falsas interpretações da concepção da teoria, modelo teórico a ser estudado, com a armação do experimento que reproduzirá dados. Alguns experimentos, depois de executados, não produzem resultados adequados à análise de validação da teoria, nesse caso podem ter ocorrido *erros de ações,* por parte do executor, tais como: montagem inadequada do experimento, inabilidade de manuseio e falta de critério para medir as unidades físicas. Em seguida, os dados obtidos são submetidos à avaliação matemática, por meio de processos estatísticos, obtendo o chamado intervalo de incerteza, e não um valor único, supostamente verdadeiro para com a medida.

Essa incerteza é considerada um *erro de medida,* de modo que não se trata de um equívoco mutável, pelo fato de jamais ser possível eliminá-la por completo. Por último, os dados são analisados e confrontados com o modelo teórico, de modo a obter coerência na medida, sendo que para isso é necessário um entendimento de natureza cognitiva na explicação dessas medidas, de modo que não se tenham falsas conclusões. Nessas ações estão embutidos os *erros de interpretação* que podem ocasionar análises diferentes do contexto da aprendizagem por meio do experimento.

Quando da execução do experimento que mede a grandeza física, dividiremos em três etapas: montagem, execução e análise. Cada tipo de erro abrangerá uma ou duas dessas etapas, facilitando assim a identificação de cada um quando no uso da Modelagem (Figura 10). De início, na montagem do experimento até sua execução, adotaremos os erros de ação, enquanto que especificamente na execução os erros de medidas, e por fim, da execução até a análise de dados, os erros de investigação.

Figura 10. Convenção para investigação dos tipos de erros na execução do experimento.
Fonte: Elaborado pelo autor (2014).

Esta convenção é meramente qualitativa no sentido que nos pareceu mais conveniente ao estudo dos erros. Evidentemente que o conceito de erro pode ser entendido de formas mais abrangente, porém, em nosso processo investigativo, nos pareceu adequado delimitar essa investigação às ações que comumente comprometem o processo de ensino dos conteúdos comumente comprometem o processo de ensino dos conteúdos experimentais de Física e que melhor podem ser estudadas com o uso da Modelagem Matemática, a fim de se obter resultados práticos.

8.3.6 Erros de Medida

O processo de medida que adotamos nas disciplinas experimentais de Física é o da medição repetida. Trata-se da técnica de realizar várias medidas de uma grandeza de modo que seus valores numéricos orbitem em torno de um valor fixo e seja possível, por meio de tratamento estatístico, obter resultados confiáveis, mas nem sempre é possível obter esses resultados de forma a estarem de acordo com o real objetivo do experimento. Portanto, tratam-se de duas situações distintas que estão submetidas a ações empíricas em que ocorrem erros de medidas definidas como *erros aleatórios* e *erros sistemáticos*.

Os *erros aleatórios* (ou estatísticos) são variações aleatórias no resultado das medições que não se tem como controlar ou que, de certa forma, não foram monitoradas. Os erros aleatórios podem ser detectados pela repetição da experiência. Um operador, por mais cuidadoso que seja, poderá obter diversas medidas para uma mesma grandeza física; isso se deve a vários fatores de flutuação que podem estar relacionados a causas identificáveis ou na maioria dos casos indeterminadas, podendo o erro ser submetido a um tratamento estatístico (teoria dos erros) para uma melhor exatidão do valor da grandeza estudada.

Consideremos um operador que deseja fazer uma medida do comprimento de um objeto com uma régua metálica (Figura 11).

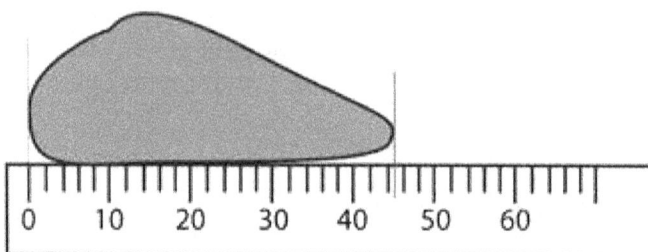

Figura 11. Medição de um objeto por uma régua metálica.

Fonte: Elaborado pelo autor (2014).

O operador percebeu que a medida localiza-se entre duas escalas (44 e 46), podendo escolher, por interpolação (processo de estimação de posições entre marcações de escalas), uma variedade de valores tais como: 44,5; 45,0; 44,30; 44,20; de tal modo que essas medidas formam um conjunto aleatório de dados que podem subestimar ou sobrestimar o valor do comprimento. Ao aumentar o número de dados de leitura, o erro aleatório diminui, porém jamais poderá ser anulado.

Os *erros sistemáticos* são ocorrências no valor da medida da grandeza física que, na maioria das vezes, são de causas identificáveis e originadas por: erro do operador, deficiência (calibragem) do experimento e influências do meio ambiente. Estes são erros cujo valor da amplitude varia num mesmo sentido: ou para mais ou para menos. Portanto, diferente do erro aleatório, não é possível fazer uma análise estatística dos erros sistemáticos.

Consideremos um cronômetro, responsável pela medida do período na experiência do pêndulo simples: caso ele esteja descalibrado em 1,5 segundos, todas as medidas feitas terão um erro de amplitude numérica de um fator 1,5 (para mais), fazendo com que estes valores fiquem deslocados de seu real valor. No caso do exemplo (figura 10), considerando que o ambiente sofra uma brusca variação de temperatura de modo que a régua altere seu comprimento por meio de uma pequena dilatação em 1 milímetro, logo todas as medidas feitas por essa régua terão seu valor ampliado em uma unidade numérica. Tanto no exemplo do cronômetro quanto da régua, são erros sistemáticos identificáveis e que podem ser corrigidos.

Porém nem sempre a diferença entre erros aleatórios e sistemáticos são identificáveis, o que for erro aleatório num experimento pode ser um erro sistemático em outro, como, por exemplo, o erro de paralaxe.

O *erro de paralaxe* é um desvio que ocorre quando a visão está deslocada da linha reta central de observação (leitura real), conforme Figura 12.

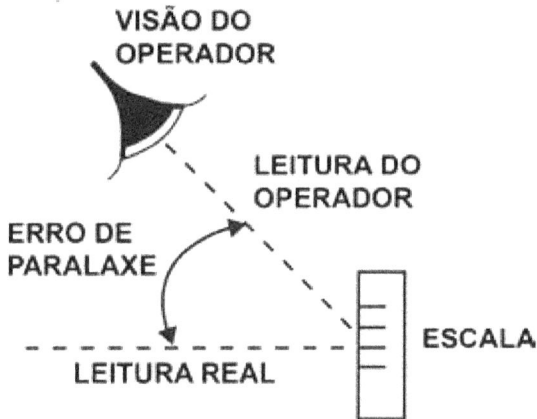

Figura 12. Erro de paralaxe na leitura de uma escala.
Fonte: Elaborado pelo autor (2014).

Em determinado experimento, o operador se desloca de um lado para outro em relação à linha reta central de observação, ocasionando um erro aleatório (valores positivos e negativos), enquanto em outro experimento o operador está deslocado todo para a direita ou para a esquerda, ocasionando erro sistemático, devido ao fato de os valores da medida terem amplitudes todas positivas ou negativas.

Nos gráficos da Figura 13, podemos melhor distinguir as diferenças entre erros aleatórios e sistemáticos. A interseção das retas horizontal e vertical representa o valor real (alvo da medida) a ser obtido de uma determinada grandeza física, enquanto que os círculos pretos são valores medidos pelo operador.

Na opção (a), os pontos estão concentrados no alvo da medida, ocasionando erros aleatórios e sistemáticos baixos, considerando esta, a situação ideal para obtenção de dados experimentais. Na situação (b), ocorreu um deslocamento conjunto do valor das medidas em relação ao alvo, devido a uma alta existência de erros sistemáticos; porém, as flutuações são pequenas, indicando baixo erro aleatório. Em (c), ocorre uma grande dispersão dos valores em torno do alvo de alta amplitude (positiva e negativa) com um pequeno deslocamento, configurando erros aleatórios altos e sistemáticos baixos. Em (d), uma grande defasagem de valores, por meio de deslocamento e amplitude, caracteriza erros aleatórios e sistemáticos altos.

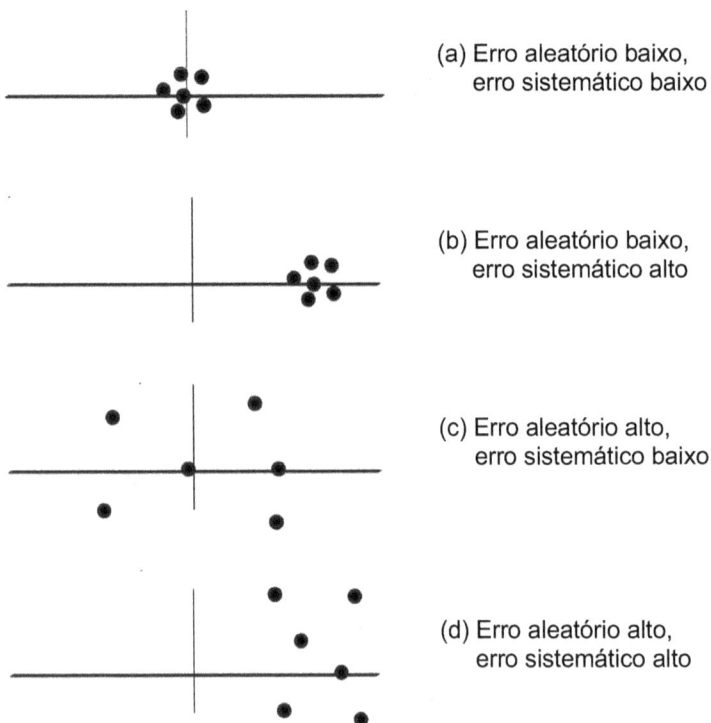

(a) Erro aleatório baixo, erro sistemático baixo

(b) Erro aleatório baixo, erro sistemático alto

(c) Erro aleatório alto, erro sistemático baixo

(d) Erro aleatório alto, erro sistemático alto

Figura 13. Erros aleatórios e sistemáticos em relação a um alvo de medidas.
Fonte: Elaborado pelo autor (2014).

Porém, é importante perceber que nem sempre se tem noção do valor verdadeiro de uma medida física, devido à incerteza de sua natureza. Nesse caso, o alvo de referência das medidas não existiria e não teríamos a noção de quanto o valor medido estaria deslocado, tornando a identificação do erro sistemático impossível de detectar. Se imaginarmos (a), (b), (c) e (d) da Figura 12, sem as retas verticais e horizontais, facilmente identificaríamos os erros aleatórios, porém não teríamos a menor noção de quanto os valores medidos estariam fora do alvo de medidas, a fim de identificarmos os erros sistemáticos. No Quadro 23, apresentamos uma classificação da diferença entre erros aleatórios e sistemáticos.

Quadro 23. Classificação de erros aleatórios e sistemáticos.

Classificação de Erros	
Erros Aleatórios	- Maior parte de natureza indeterminada. - Dispersão simétrica. - Podem ser detectados pela repetição da experiência. - Minimizados (nunca anulados) por meio da análise estatística. - Origem subjetiva. - Afetam a precisão dos dados.
Erros Sistemáticos	- Causa quase sempre determinada. - Dispersão tendenciosa. - Não se detectam pela repetição da experiência. - Não é possível efetuar sua análise estatística. - Podem ser eliminados (total ou parcialmente) introduzindo fatores corretivos. - Afetam a exatidão dos dados.

Fonte: Elaborado pelo autor (2014).

Portanto, dependendo da metodologia aplicada ao processo de medida, aliado ao tipo de abordagem adotado no laboratório didático, podem ocorrer altos índices de erros de medidas e/ou ação e investigação, cometidos por alunos, que têm como consequências a dificuldade de entender conceitos e não serem capazes de dominar a investigação de fenômenos físicos.

8.4 Modelagem Matemática como Estratégia de Ensino na Física Experimental

Em nossa proposição de uso da Modelagem Matemática como estratégia de ensino de Física Experimental, utilizaremos a concepção de Bassanezi (2009), Chaves e Espírito Santo (2011), pelo fato de suas ações possibilitarem uma associação com as ações de experimentação.

Para a experimentação, optamos pela independência dos modelos teóricos, isto é, não adotamos uma apresentação formal das teorias e leis físicas a serem confirmadas por meio dos experimentos, como usualmente é feito nas disciplinas experimentais que são ministradas nos laboratórios didáticos de Física. Nesse caso, eliminamos os roteiros predefinidos das execuções, devido seu objetivo inicial (antes da execução do experimento) ser de apresentar ao aluno o modelo teórico, obrigando-o a uma comprovação, diferentemente da estratégia da Modelagem Matemática para o ensino, cujo direcionamento ao aluno é o de obter o modelo teórico como objetivo final. Sendo assim, adotamos níveis de estruturação de ensino, de modo que, diminuam as intervenções do docente para que ocorra uma evolução da autonomia do aluno. De todo, uma abordagem parcial do laboratório não estruturado com enfoque na estrutura do experimento e epistemológico nos parece mais adequado ao nosso propósito de aplicação com a Modelagem Matemática.

Basicamente, as ações da experimentação no laboratório didático são as relacionadas na Figura 14.

SITUAÇÃO
(Fenômeno)

↓

EXPERIMENTO
(Adaptado ao Fenômeno)

↓

EXECUÇÃO
(Coleta de Dados)

↓

ANÁLISE
(Validação)

↓

MODELO

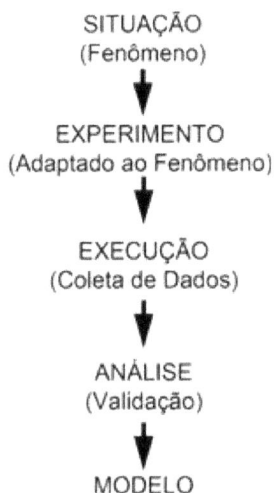

Figura 14. Ações para o laboratório didático.
Fonte: Elaborado pelo autor (2014).

No caso da Modelagem Matemática, baseado nas abordagens de Bassanezi (2009), Chaves e Espírito Santo (2011), as ações se encadeiam da forma mostrada na Figura 15.

ESCOLHA DO TEMA

↓

ELABORAÇÃO DA SITUAÇÃO
PROBLEMA

↓

COLETA DE DADOS

↓

TRADUCÃO DO PROBLEMA

↓

ANÁLISE CRÍTICA DA SOLUÇÃO

Figura 15. Ações da modelagem matemática pela abordagem Chaves e Espírito Santo (2011).
Fonte: Elaborado pelo autor (2014).

Por conseguinte, tanto no enfoque do laboratório didático (Figura 14) quanto na abordagem da Modelagem Matemática (Figura 15), é possível uma aglutinação das ações em razão de ambas terem caráter experimental de desenvolver no aluno, conforme define Barbosa (2001), uma aprendizagem na qual são convidados a indagar e/ou investigar, por meio da matemática, situações oriundas das outras áreas do conhecimento, assim como as ações do laboratório didático, com ênfase na estrutura do experimento, em que os procedimentos não são detalhados e o auxílio aos alunos ocorra apenas na estrutura da experiência (CAMPOS; ARAÚJO, 2011).

Dessa forma, definiremos a associação da abordagem da Modelagem Matemática mais a do laboratório didático, não estruturado com enfoque no experimento e epistemológico, como *estratégia de ensino da Física Experimental por meio da Modelagem Matemática,* constituindo-se das seguintes etapas: situação ou fenômeno, execução do experimento, obtenção de dados, análise, obtenção do modelo matemático e obtenção do modelo físico (Figura 14).

> 1) *Situação ou Fenômeno* – alguns autores, tanto na investigação do ensino de Física Experimental, quanto de Modelagem Matemática, apresentam o problema de investigação a partir de uma situação real. Apenas optamos por não usar a palavra problema, pelo fato de alguns alunos a associarem a uma necessária solução, pela obrigatoriedade de existir um problema. O fenômeno a ser estudado num laboratório didático de Física está vinculado aos tópicos das disciplinas experimentais; são fenômenos que estão associados a modelos, conforme define Bassanezzi (2009) e por nós adotados, de natureza educacional, linear, dinâmico, e determinístico. A importância da obtenção do modelo não está na descrição precisa da realidade dos fatos envolvidos e sim nos conhecimentos e procedimentos de medidas que constroem o modelo.

A imprecisão da medida é considerada como um erro de natureza desconhecida, de modo que qualquer modelo descreve parcialmente o fenômeno estudado. Essa etapa é atribuída ao professor, que por sua vez, se baseia no conteúdo da disciplina, ou seja, ocorre um grau alto de intervenção do docente.

2) *Execução do Experimento* – definido o fenômeno, então é outorgado um experimento que o reproduz e gera, na maioria das vezes, dados numéricos. A montagem e execução do experimento é tarefa exclusiva do aluno, com pequenas intervenções do docente (atos corretivos), de modo a evitar grandes desvios de resultados.

3) *Obtenção de Dados* – executado o experimento, os dados numéricos são obtidos. Cabe afirmar que nos experimentos usados em nossa investigação, esses dados são de natureza quantitativa. Essa também é uma etapa destinada ao aluno, com monitoramento do docente.

4) *Análise* – destinada a dar um significado à medida obtida, a análise dos dados numéricos é a conformidade da situação retratada pelo fenômeno com a lógica da matemática. Nessa etapa, é comum aparecerem erros de medidas e erros de ações, devido à própria imprecisão dos dados (alguns aceitáveis, outros não) e a má condução do experimento, por parte do aluno que o executa. Nesse caso, é necessária uma intervenção do docente, seja para confirmar os dados ou refutá-los a ponto de o experimento ser novamente executado para obtenção de novos dados.

5) *Obtenção do Modelo Matemático* – validados os dados, é então obtido um modelo matemático, podendo ser qualificado como modelo parcial, pelo fato de justificar

apenas a tendência da medida, sem qualquer justificativa relativa ao significado da grandeza física. Podem ser feitos ajustes de curva, estudo do comportamento variável ou constante dos números, a fim de se obter um modelo puramente matemático. Nessa etapa, o aluno pode obter este resultado apenas com seus conhecimentos prévios, dependendo do nível do cálculo matemático envolvido no fenômeno.

6) *Obtenção do Modelo Físico* ou *Confronto com o Modelo Teórico* – nesta etapa, ocorre a análise da coerência entre o modelo matemático e o modelo físico. Trata-se de uma ação que requer uma intervenção indutiva por parte do docente, devido à dificuldade do aluno justificar seus dados, ou seu modelo matemático, e as grandezas físicas que estão relacionadas a uma teoria ou lei científica. Trata-se de uma ação aberta à própria atitude do professor de saber induzir sem propriamente impor ao aluno um modelo teórico.

Portanto, essas seis etapas da Modelagem Matemática justificam tornar o laboratório didático não estruturado quando as atitudes dos alunos não dependem dos manuais predefinidos; considera-se este um ambiente de ensino gerador de aprendizagem de conceitos físicos de uma forma que difere do modelo tradicionalmente adotado.

O processo de Modelagem Matemática adotado é uma estratégia de ensino de conceitos físicos no laboratório didático, com ênfase na estrutura do conhecimento destinado ao ensino superior. As etapas do processo (Figura 16), resumidamente, podem ser divididas em três fases: fenômeno, execução e validação.

O compromisso do aluno é obter um modelo composto por grandezas físicas que dê significado e justifique o fenômeno estudado; porém, durante o processo, vão se formando blocos de interação conceitual, que são pequenos conceitos físicos, que, como um todo, formam o modelo teórico que se deseja aprender.

Evidentemente, ao se obter o modelo final, esses blocos não se encaixam perfeitamente, havendo um acúmulo de desvios, que fazem parte da imprecisão da aprendizagem (erros relativos ao não entendimento de conceitos) e que consideramos normal e que só diminuem ao longo do tempo com a repetição, ou não (por outra metodologia), do estudo destes conceitos.

De início, os blocos são dispersos, o que demonstra que o entendimento ainda está aberto, limitando-se a conhecimento rudimentar do fenômeno, de modo que, ao passar para fase de execução, os conceitos vão se formando e se adequando à situação; assim, lentamente o processo de entendimento vai se formando. Além disso, as grandezas físicas aparecem a partir das medidas, tornando os blocos de interações conceituais mais coesos, de modo a formarem um bloco maior, retratado pelo modelo físico na fase final de validação.

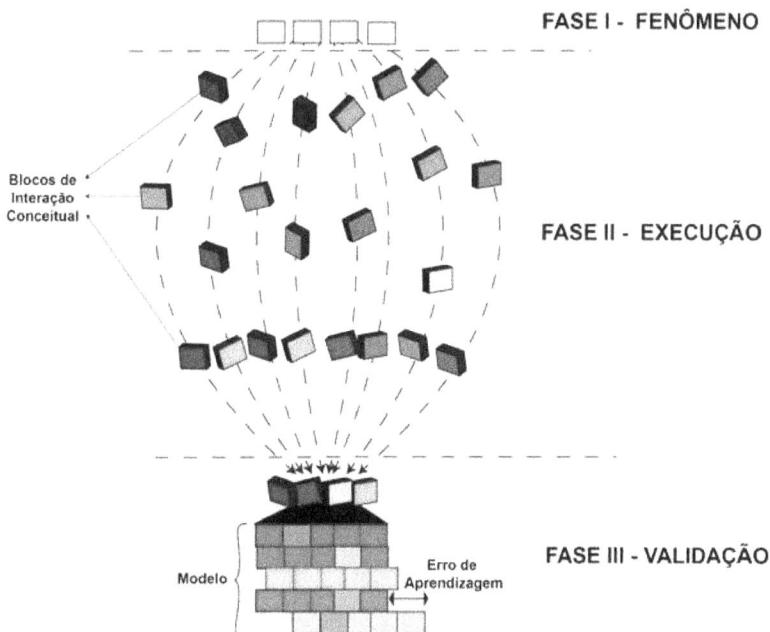

Figura 16. Etapas do processo de modelagem matemática no laboratório didático.

Fonte: Elaborado pelo autor (2014).

Esclarecemos que a descrição das etapas da Figura 16 não trata de mostrar como ocorre o processo de aprendizagem – assunto que consideramos complexo e que foge do objetivo dessa investigação –, apenas procuramos apresentar uma maneira de entender a Modelagem Matemática numa forma cognitiva simples, quando atua como metodologia na opção do ensino de Física Experimental.

Associando as etapas da Modelagem Matemática com a concepção de ensino pela experimentação vista na Seção 8.4, obtemos uma proposta de estratégia de ensino que sustenta a hipótese deste trabalho.

Para um melhor entendimento da fundamentação teórica adotada com a proposta de investigação, apresentamos três etapas de articulação: aluno, conteúdo e laboratório.

1) *Articulação para o aluno*: o tipo de procedimento adotado considerará o aluno como cientista normal e de uma revolução. As duas etapas se encaixam dentro da Modelagem Matemática. Na ciência normal, o aluno segue conteúdos disponíveis das disciplinas experimentais do currículo dos cursos em questão, enquanto que na revolução em sala, do qual fazem parte a elevação do nível conceitual e introdução às anomalias, o aluno é apresentado ao fenômeno a ser estudado, como um problema de investigação, de modo que seus conceitos do cotidiano choquem-se com o de investigação, como propõe Zylbersztajn (1991).

2) *Articulação para o conteúdo*: visa adotar o conteúdo das disciplinas e suas características, como apresentado por Arruda; Silva e Laburú (2001, p.105), em que o direcionamento dos fatos é para a construção do paradigma. A escolha do tema num curso de graduação é direcionada para as peculiaridades da proposta pedagógica. Num curso como engenharia, por exemplo, nosso problema de investigação está inserido ao cálculo

das constantes elásticas de determinadas molas, que, por sua vez, faz parte do conteúdo da disciplina experimental. Essa articulação é reforçada pela possibilidade 2 em Chaves; Espírito Santo (2011) para a Modelagem Matemática, em que a escolha do tema é atribuída ao professor.

2) *Articulação para o laboratório*: o tipo de laboratório será classificado como divergente e de natureza não estruturado, com ênfase na estrutura do equipamento e enfoque epistemológico. O primeiro classifica-se dessa forma devido o aluno interagir com a estrutura do experimento, enquanto o segundo está associado à identificação da natureza do conhecimento a ser estudado. Em ambos os casos, os roteiros foram eliminados, por não estarem de acordo com as etapas da Modelagem e os tipos de instrumentos investigativos serão quantitativos com aparatos de montagem sofisticados.

Do exposto, justifica-se que para o uso da Modelagem Matemática como estratégia de ensino no laboratório didático de Física serão necessárias algumas considerações:

a) *Intervenções* – o processo de Modelagem tem como objetivo, embora não necessariamente, a obtenção de um modelo matemático que, posteriormente, com as devidas justificativas baseadas em leis e teorias, se constituirá num modelo que descreve o fenômeno com veracidade científica. Nesta transição do modelo matemático para a justificativa física, o aluno normalmente não a alcança por conta própria, como enfatiza Thomas Kuhn (2011b) no ensaio a respeito da experimentação em Física. Esses são apenas números num processo de repartição, de modo que, para engajar um significado aos dados obtidos, é necessária a ação do professor diante do quadro de dificuldades apresentado pelo discente por ocasião da execução do experimento. A essa ação denominaremos *intervenção*.

Por exemplo, quando no experimento do pêndulo simples os alunos obtêm a relação do período medido, com o comprimento do fio, o resultado é uma constante numérica que atesta apenas a relação de proporcionalidade das duas grandezas. Eles não associam que a constante é a relação de duas quantidades numéricas com a aceleração da gravidade. Neste sentido, Gaspar (2014), em seu estudo sobre ensino experimental de Física, afirma que a colaboração do professor:

> Não é essencial apenas para que o aluno aprenda o conteúdo teórico de Física, mas para que conheça o modo como se realiza a prática experimental dessa disciplina, o que pode dar a ele uma visão inicial do que se poderia chamar de método científico. É claro que, à medida que os alunos se familiarizam com essa prática, a colaboração do professor pode tornar-se mais limitada, a fim de proporcionar-lhes maior autonomia. Todavia, toda prática experimental, em qualquer fase do curso, requer alguma colaboração do professor (GASPAR, 2014, p. 214).

Evidentemente, o processo de intervenção varia conforme a natureza do fenômeno estudado e a complexidade do experimento. Há casos de poucas intervenções por parte do professor, mas há situações que exigem várias intervenções. Porém, quanto menos intervenções ocorrerem, mais liberdade de aprendizagem o aluno terá por meio de suas próprias ações.

Portanto, classificaremos três tipos de intervenção, baseados nas etapas de modelagem matemática, quando aplicadas nas aulas experimentais:

1) Intervenção Baixa – quando o professor faz pequenas observações, tais como, necessidade de ajuste do instrumento de medida, ajuste de cálculo numérico. São intervenções que não comprometem o andamento do experimento.

2) Intervenção Média – quando o professor induz o pensamento ou procedimento do aluno, para que refaça sua ação no processo de medida. Pode comprometer o resultado do experimento, porém o aluno continua à frente das ações.

3) Intervenção Alta – o professor assume o procedimento no sentido de induzir o resultado, podendo, por exemplo, apresentar o modelo, caso o aluno tenha necessidade de obtê-lo ou manusear o experimento, com a observação do aluno, que não está mais à frente das ações.

a) Roteiros – Nas colocações de Kuhn, quando ele se refere a manuais, quer referir-se a textos direcionados a apresentar a fundamentação teórica e a funcionalidade dos instrumentos de medidas. Com a Modelagem Matemática é possível a eliminação desses textos, substituindo-os pela intervenção do professor para a explicação do funcionamento do experimento, fato esse necessário conforme a complexidade do aparelho de medida. Em relação à fundamentação teórica, não será necessária a sua apresentação, visto que os roteiros a destacam como o objetivo a ser alcançado, o que contraria o uso da modelagem.

b) Modelo Teórico – o entendimento do modelo teórico é o objetivo a ser alcançado no ensino de fenômenos físicos. Nesta proposta metodológica, ele não pode anteceder aos fatos; portanto, consideramos que Modelagem Matemática tem sustentabilidade para alcançar a compreensão desses fenômenos por parte do aluno, que desenvolve a aprendizagem por meio de investigação, embora de uma maneira controlada, ou seja, com a ajuda indutiva do professor e não de maneira totalmente aberta à escolha do que se deseja aprender.

CONSIDERAÇÕES FINAIS

Este livro tratou de vários assuntos relacionados à Modelagem Matemática. Cabe, portanto, repassar e realçar algumas das afirmações feitas.

Sobre a Modelagem Matemática: destacou-se a necessidade de que o processo fosse conduzido com a preocupação de parte do professor de avaliar continuamente o trabalho feito pelos grupos. Foi realçado que a modelagem, como estratégia de ensino, não ocorre como trabalho solitário – antes, é um trabalho colaborativo. Para que a cooperação resulte em aprendizagem, é necessário que o professor acompanhe sistematicamente os trabalhos de modelagem produzidos nas suas fases principais. Aqui, adotamos e recomendamos a técnica de avaliação formativa como etapa integrante do processo de modelagem, como forma de assegurar que as dificuldades encontradas pelos grupos de trabalho fossem superadas adequadamente, como também permitir que o professor desse a orientação necessária neste ponto do percurso.

Sobre as tecnologias digitais: foram analisadas as principais potencialidades da utilização destas tecnologias na Educação; da mesma forma, os argumentos dos críticos deste uso foram revistos, atrás de confirmar sua pertinência, sua exatidão, seus condicionantes. Como resultado deste estudo em particular, chegamos a um conjunto de condicionantes para que o emprego da tecnologia tenha a devida eficácia na Educação. Os principais pontos deste conjunto são: envolvimento dos professores em todas as etapas de aquisição da tecnologia, apropriação, implantação, domínio (decorrente de treinamento), existência de suporte, disponibilidade de infraestrutura, análise prévia da forma adequada de como será utilizada pedagogicamente.

Sobre a Modelagem e as tecnologias digitais: sugerimos a incorporação de uma etapa formal no processo de modelagem para utilização das tecnologias digitais (quer dizer: *notebook*, *netbook*, com internet, pacote de software para modelagem, para simulação, para produção de documentos, produção de apresentações, produção de filmes, produção de fotos, produção de sítios, disponibilização de ambiente virtual para socialização e produção cooperativa de conhecimento).

Sobre os pressupostos para potencialização da aprendizagem de Matemática com utilização de Modelagem e tecnologias digitais: recomendamos trazer para a sala de aula os computadores (a mobilidade hoje permite isto); o professor indica o software de que precisa para sua prática docente em sala; as cinco dimensões sugeridas por DiMaggio *et als.* (2001) para se utilizar adequadamente as Tecnologias Digitais na Educação. Da mesma forma, apoiado em Ponte e Simões (2013), precisamos garantir que os dois níveis de utilização de TD sejam realidade. Queremos referir, em especial, no primeiro nível a frequência de uso das TD, visto que a duração da experiência digital é preponderante para garantir habilidade de uso e, no segundo nível, que é dado pela capacidade que o estudante tem de executar tarefas, assegurar que atinja o estágio de utilizador pleno. Isto significa capacidade de utilizar recursos interativos (como as redes sociais) e o emprego de pacotes de software.

No desenvolvimento dos trabalhos de modelagem, independentemente de ter ou não início claudicante, podem produzir resultados proveitosos; isto decorre de se partir de um ambiente propício à aprendizagem, com forte interação entre professor e os estudantes e entre eles mesmos, reforçando a importância da cooperação para levar à aprendizagem;

Caso os trabalhos não caminhem adequadamente, é possível no transcurso do tempo de realização da prática de modelagem promover as melhorias necessárias, com envolvimento e contribuição de todos os participantes; neste interregno, ambiente de colaboração estabelece-se, favorecendo grandemente a aprendizagem, a partir das discussões realizadas.

Portanto, o ambiente criado com base na modelagem e tecnologias digitais, por sua característica de oferecer múltiplos meios de exercitação de ferramentas e de linguagens de representação, ratifica sua importância para conseguir ganhos de aprendizagem, seja por incentivar a pesquisa a ser realizada pelo estudante, pela exigência de leitura de referências que embasem os modelos construídos, seja pela formalização de um documento que apresente o trabalho em todas as suas etapas, com a fundamentação necessária e chance de elaboração própria dos participantes envolvidos; por fim, a exposição à turma, exercita a capacidade de argumentação e contra-argumentação, levando à aprendizagem no nível desejado, o qual se faz pela capacidade de exercitação da assimilação de conhecimentos, de comunicação escrita e oral, de síntese, de recriação do conhecimento e, quiçá, de criação de conhecimento novo a partir das conclusões e das experiências extraídas com os trabalhos desenvolvidos.

REFERÊNCIAS

ALBERTAZZI, JÚNIOR G. A.; SOUSA, A. R. *Fundamentos de Metrologia Científica e Industrial.* Barueri, SP: Manole, 2008.

ALMEIDA, L. M. W.; VERTUAN, R. E. *Discussões sobre "Como fazer" Modelagem Matemática na Sala de Aula.* In: ALMEIDA, L. M. W.; ARAÚJO, J. L.; BESOGNIN. (Org.). Práticas de Modelagem Matemática: Relatos de Experiências e Propostas Pedagógicas. Londrina: Eduel, 2011.

ALMEIDA, L. M. W.; SILVA, K. P.; VERTUAN, R. E. *Modelagem Matemática na Educação Básica.* São Paulo: Contexto, 2012.

ANDRADE, D. F.; TAVARES, H. R.; VALLE, R. C. *Teoria da Resposta ao Item: Conceitos e Aplicações.* São Paulo: Associação Brasileira de Estatística, 2000.

ALVES FILHO, J. P. Regras da Transposição Didática Aplicadas ao Laboratório Didático, Caderno Catarinense de Física, Florianópolis, v. 17, n. 2, 2000.

ARAÚJO, J. de LOIOLA. *Cálculo, Tecnologias e Modelagem Matemática: as Discussões dos Alunos.* 2002. 173f. Tese (Doutorado em Educação Matemática) – Instituto de Geociências e Ciências Exatas, Universidade Estadual Paulista, Rio Claro (SP).

AREA, M. *Vinte Anos de Políticas Institucionais para Incorporar as Tecnologias da Informação e Comunicação ao Sistema Escolar.* In: SANCHO, J. M.; HERNÁNDEZ, F. Tecnologias para Transformar a Educação. Porto Alegre: Artmed, 2006.

AZEVEDO, H. L. et al. O Uso do Experimento no Ensino de Física: Tendências a Partir do Levantamento dos Artigos em Periódicos da Área no Brasil, In: ENPEC, 7., [Anais...]. Florianópolis, 2009.

BALDIN, Y. Y. *Uso de Tecnologia como Ferramenta Didática no Ensino Integrado. In*: CARVALHO, L. M.; CURY, H. N. *et als.* História e Tecnologia no Ensino da Matemática. Vol. II. Rio de Janeiro: Ciência Moderna. 2008.

BASSANEZI, R. C. *Ensino-aprendizagem com Modelagem Matemática: uma Nova Estratégia*. 3ª ed. São Paulo: Contexto. 2009.

BARATO, J. N. *Escritos sobre Tecnologia Educacional & Educação Profissional*. São Paulo: Senac, 2002.

BARATTO, Antônio Carlos (Org.). *GUN – Guia para a Expressão de Incerteza e Medição*. Rio de Janeiro: INMETRO, 2012.

BARBOSA, J. C. *O Que Pensam os Professores sobre a Modelagem Matemática? Ketetiké,* Campinas, v. 7, n. 11, p. 67-85, 1999.

BARBOSA, J. C. *Modelagem na Educação Matemática: Contribuições para o Debate Teórico.* In: REUNIÃO ANUAL DA ANPED, 2001, [Anais...], Caxambu, 2001.

BARBOSA, J. C. *Modelagem na Educação Matemática: Contribuições para o Debate Teórico.* In: Reunião Anual da ANPED, Caxambu. Anais... Rio de Janeiro: ANPED, 2001. I CD-ROM.

BARBOSA, J. C. Modelagem e Modelos Matemáticos na Educacão Científica. *Revista de Educação em Ciência e Tecnologia.* São Paulo, v. 2, n. 2, , 2009.

BIEMBENGUT, M. S.; HEIN, N. *Modelagem Matemática no Ensino.* 5ª ed. São Paulo: Contexto, 2009.

BORBA, M. C. *Dimensões da Educação Matemática a Distância. In*: BICUDO, M. A. V.; BORBA, M. C. (Orgs.). Educação

Matemática: Pesquisa em Movimento. 2ª ed. São Paulo: Cortez. 2005.

BORBA, M. C.; MALHEIROS, A. P. S. *Diferentes Formas de Interação entre Internet e Modelagem: Desenvolvimento de Projetos e o CVM. In*: BARBOSA, J. C.; CALDEIRA, A. D.; ARAÚJO, J. L. Modelagem Matemática na Educação Matemática Brasileira: Pesquisas e Práticas Educacionais. Recife: Sbem, 2007, p.195-211. (Biblioteca do Educador Matemático). V.3

BORBA, M. C.; MALHEIROS, A. P. S.; ZULATTO, R. B. A. *Educação a Distância Online*. 2ª ed. Belo Horizonte: Autêntica. 2008.

BORBA, M. C.; MENEGHETTI, R. C. G.; HERMINI, H. A. *Estabelecendo Critérios para Avaliação do Uso de Modelagem em Sala de Aula: Estudo de um Caso em um Curso de Ciências Biológicas.* In: BORBA, M. C. *et als.* Calculadoras Gráficas e Educação Matemática. Rio de Janeiro: Art Bureau, 1999.

BOURDIEU, P. *O Campo Científico. In*: ORTIZ, R. (org.). Sociologia. São Paulo, Ática, 1983.

BRASIL. Secretaria de Educação Fundamental. *Parâmetros Curriculares Nacionais: Matemática.* Brasília: Secretaria de Educação Fundamental, 1997.

BUNGE, M. *La Investigación Científica.* 2. ed. Barcelona: Ariel, 1989.

_____. Teoria e Realidade. 1. ed. São Paulo: Perspectiva, 2008.

BURAK, D. Critérios Norteadores para a Adoção da Modelagem Matemática no Ensino Fundamental e Secundário. *Zetetiké*, Campinas, Ano 2, n. 2, p. 47-60, 1994.

BURIASCO, R. *Sobre Avaliação em Matemática: uma Reflexão*. *In*: Educação em Revista. Belo Horizonte: n. 36, dez/2002.

CAMPOS, L. S.; ARAÚJO, M. S. T. Articulações Entre o Ensino de Matemática e de Física. In: ENCONTRO NACIONAL DE PESQUISA EM EDUCAÇÃO EM CIÊNCIAS, 8., [Anais...], Campinas, 2011.

CAMPOS, F. C. A.; SANTORO, F. M.; BORGES, M. R. S.; SANTOS, N. *Cooperação e Aprendizagem On-line*. Rio de Janeiro: DP&A. 2003. (Coleção Educação a Distância).

CARR, N. G. *IT Doesn't Matter. Harvard Business Review*, Harvard (EUA), maio 2003, p. 41-49.

CARR, N. G. *Será que TI é Tudo? Repensando o Papel da Tecnologia da Informação*. São Paulo: Gente, 2009.

CARVALHO, F. C. A. e IVANOFF, G. B. *Tecnologias que educam: ensinar e aprender com tecnologias da informação e comunicação*. São Paulo: Pearson Prentice Hall, 2010.

CGI. *TIC Educação 2010. Pesquisa sobre o Uso das TIC no Brasil*. São Paulo: Comitê Gestor da Internet no Brasil, 2013. Disponível em www.cetic.br/educacao/2010. Acesso em 25/8/2013.

CGI. *TIC Kids Online Brasil 2012: Pesquisa sobre o Uso da Internet por Crianças e Adolescentes*. São Paulo: Comitê Gestor da Internet no Brasil, 2013. Disponível em www.cetic.br/publicacoes/2012. Acesso em 25/8/2013.

CHAVES, M.I. de A.; ESPÍRITO SANTO, A. O. *Um Modelo de Modelagem Matemática para o Ensino Médio*. In: Anais do VII Congresso Norte/Nordeste de Educação em Ciências e Matemática, Dezembro, 2004.

CHAVES, M. I. de A. *Modelando Matematicamente Questões Ambientais Relacionadas com a Água a Propósito do Ensino-aprendizagem de Funções na 1ª Série do Ensino Médio*. 2005. 142f. Monografia (Mestrado em Educação em Ciências e Matemáticas) – Núcleo de Apoio ao Desenvolvimento Científico, Universidade Federal do Pará, Belém.

CHAVES, M. I. A.; ESPÍRITO SANTO, A. O. *Possibilidades para Modelagem Matemática na sala de aula*. In: ALMEIDA, L. M. W.; ARAÚJO, J.; BISOGNIN, E. (Org.) *Práticas de Modelagem Matemática na Educação Matemática*. Londrina: EDUEL, 2011, p. 161-179.

COSTA, R. *A Escola de 2014, 2016 e 2018*. *In*: Revista IstoÉ. No. XX, p. 66-69.

CREASE, R. P.; SCHLESINGER, G. *A Medida do Mundo*. São Paulo: Zahar, 2011.

D'AMBROSIO, U. *Educação Matemática: da Teoria à Prática*. 18ª ed. Campinas:_Papirus. 2009a. (Coleção Perspectivas em Educação Matemática).

D'AMBROSIO, U. *Etnomatemática – Elo entre as Tradições e a Modernidade*. 3ª ed. Belo Horizonte: Autêntica. 2009b. (Coleção Tendências em Educação Matemática).

DEMO, P. *Formação Permanente e Tecnologias Educacionais*. Petrópolis: Vozes, 2006. (Coleção Temas Sociais).

DEMO, P. *Metodologia para Quem Quer Aprender*. São Paulo: Atlas, 2008a.

DEMO, P. *Educação Hoje: "Novas" Tecnologias, Pressões e Oportunidades*. São Paulo: Atlas. 2008b.

DEMO, P. *Desafios Modernos da Educação*. 15ª ed. Petrópolis: Vozes, 2009a.

DEMO, P. *Ser Professor é Cuidar que o Aluno Aprenda*. 6ª ed. Porto Alegre: Mediação, 2009b.

DEPRESBITERIS, L. *Avaliação de Aprendizagem – Revendo Conceitos e Posições*. In: Sousa, C. P. de. (org.). Avaliação do Rendimento Escolar. 2ª ed. Campinas: Papirus, 1993. (Coleção Magistério: Formação e trabalho pedagógico).

DIMAGGIO, H *et als*. *Social Implications of the Internet*. In: Annual Review of Sociology, n. 27, p. 307-336, 2001.

DWYER, T.; WAINER, J.; DUTRA, R. S.; *et als*. Desvendando Mitos: os Computadores e o Desempenho no Sistema Escolar. *Educ. Soc*. Campinas, vol. 28, n. 101, p. 103-1328, set./dez. 2007.

Disponível em: <HTTP://www.cedes.unicamp.br>. Acesso em 20/3/2010.

FERREIRA, A. B. H. *Novo Dicionário Aurélio*. Rio de Janeiro: Nova Fronteira, 1975.

FIGUEIREDO, D. F.; KATO, L. A. *Uma Proposta de Avaliação de Aprendizagem em Atividades de Modelagem Matemática na Sala de Aula*. In: Revista Acta Scientiae. Canoas: v. 14, n. 2, p. 276-294, mai/ago/2012.

FIORENTINI, D. *Alguns Modos de Ver e Conceber o Ensino de Matemática no Brasil*. Revista Zetetiké. Campinas, n. 4, p. 1-37, nov.1995.

FISCHER, M. C. B. *Os Formadores de Professores de Matemática e suas Práticas Avaliativas*. In: VALENTE, W. R. (org.). Avaliação em Matemática: História e Perspectivas Atuais. Campinas: Papirus, 2008.

FLEMMING, D. M.; LUZ, E. F.; MELLO, A. C. C. de. *Tendências em Educação Matemática*. 2ª ed. Palhoça: UnisulVirtual, 2005.

FURTADO, A. B. "*Páginas Recolhidas: Política, Educação, Administração, Artigos, Valores, Crônicas e outros temas*". Belém: Abfurtado.com.br, 2009.

FURTADO, A. B. e ESPÍRITO SANTO, A. O. do. *Bases Epistemológicas da Pesquisa em Educação Matemática com Modelagem Matemática e Utilização de Tecnologias de Informação e Comunicação*. In: Conferência Nacional sobre Modelagem na Educação, 7., 2011, Belém, PA. Anais. Belém: UFPA, 2011. v.1.

FURTADO, A. B. e COSTA JR, J. V. *Prática de Análise e Projeto de Sistemas*. Belém: abfurtado.com.br, 2010.

FURTADO, A. B. *Avaliação do Uso de Tecnologias Digitais no Apoio ao Processo de Modelagem Matemática*. 2014. 186f. Tese (Doutorado em Educação em Ciências e Matemáticas) – Instituto de Educação Matemática e Científica, Universidade Federal do Pará, Belém (PA).

GARCIA, R. L. *Um currículo a favor dos alunos das classes populares*. In: Cadernos CEDES. São Paulo: Cortez, p. 45-52, 1984.

GASPA, ALBERTO, *Atividades Experimentais no Ensino de Física*. São Paulo: LF, 2014.

GÓMEZ, A. P. *Entrevista a Amanda Polato*. Rio de Janeiro: Revista Época, ed. 21/5/2013.

GIRALDO, V. e CARVALHO, L. M. *Uma Breve Revisão Bibliográfica sobre o Uso de Tecnologia Computacional no Ensino de Matemática Avançada*. In: CARVALHO, L. M.; CURY, H. N. *et als*. História e Tecnologia no Ensino da Matemática. Vol. II. Rio de Janeiro: Ciência Moderna. 2008.

HOFFMANN, J. M. L. *Avaliação: Mito e Desafio: uma Perspectiva Construtivista*. 35ª ed. Porto Alegre: Mediação, 2005.

HOUAISS, A. *Dicionário Houaiss da Língua Portuguesa*. Rio de Janeiro: Objetiva, 2009.

JUNG, C. F. *Metodologia para Pesquisa & Desenvolvimento: Aplicada a Novas Tecnologias, Produtos e Processos*. Rio de Janeiro: Axcel Books, 2004.

KENSKI, V. M. *Educação e Tecnologias: o novo ritmo da informação*. 5ª ed. Campinas: Papirus, 2007 (Coleção Papirus Educação).

KOMOSINSKI, L. J. *Um Novo Significado para a Educação Tecnológica fundamentado na Informática como Artefato Mediador da Aprendizagem*. 2000. 146f. Tese (Doutorado em Engenharia da Produção) – Departamento de Engenharia da Produção – Universidade Federal de Santa Catarina, Florianópolis.

LAUDON, K. C. e LAUDON, J. P. *Sistemas de Informação Gerenciais*. 7ª Ed. São Paulo: Pearson Prentice Hall. 2007.

LÉGE, J. *To model, or to let them model? That is the Question! In*: BLUM *et als*. Modelling and Applications in Mathematics Education, (s. l.): (s. ed.), 2007.

LEITE, L.S.; POCHO, C. L.; *et als. Tecnologia Educacional: descubra suas possibilidades na sala de aula*. 2ª ed. Petrópolis: Vozes. 2003.

LEPELTALK, J. e VERLINDEN, C. *Ensinar na Era da Informação: Problemas e Novas Perspectivas*. In: DELORS, J. (org.). A Educação para o Século XXI. Porto Alegre: Artmed. 2005.

LÉV Y, P. *As Tecnologias da Inteligência*: o Futuro do Pensamento na Era da Informática. Rio de Janeiro: Ed. 34, 1993.

LOPES, C. E. *Discutindo Ações Avaliativas para as Aulas de Matemática. In*: LOPES, C. E. e MUNIZ, M. I. S. M. (org.). O Processo de Avaliação nas Aulas de Matemática. Campinas: Mercado de Letras, 2010 (Série Educação Matemática).

LUCKESI, C. C. *Avaliação da Aprendizagem: Componentes do Ato Pedagógico*. São Paulo: Cortez, 2011a.

LUCKESI, C. C. *Avaliação da Aprendizagem Escolar: Estudos e Proposições*. 22ª ed. São Paulo: Cortez, 2011b.

MONDINI, M. H. de A.; LOPES, C. E. *O Processo da Avaliação no Ensino e na Aprendizagem de Matemática. In*: Bolema, Rio Claro, ano 22, no. 33, p. 189-204, 2009.

MOREIRA, M. A.; GONÇÁLVES, E. N. Laboratório de Física Estruturado e Não Estruturado. *Revista Brasileira de Ensino de Física, v.* 10, n. 2, 1980.

MORETTO, V. P. *Prova – Um Momento Privilegiado de Estudo – Não de Acerto de Contas*. 5ª ed. Rio de Janeiro: DP&A, 2005.

MUNIZ, M. I. M. S.; SANTINHO, M. S. *Focalizando o Processo de Avaliação na Formação Contínua de Professores de Matemática. In*: LOPES, C. E. e MUNIZ, M. I. S. M. (org.). O Processo de Avaliação nas Aulas de Matemática. Campinas: Mercado de Letras, 2010 (Série Educação Matemática).

PAIS, L. C. *Didática da Matemática: uma análise da influência francesa*. 2ª ed. Belo Horizonte: Autêntica, 2008. (Coleção Tendências em Educação Matemática).

PALLOFF, R. M. e PRATT, K. *O Aluno Virtual: um Guia para trabalhar com estudantes on-line*. Porto Alegre: Artmed. 2004.

PALMER, J. A. *50 Grandes Educadores*. São Paulo: Contexto, 2005.

PERRENOUD, P. *Avaliação: da Excelência à Regulação das Aprendizagens – entre Duas Lógicas*. Porto Alegre: ARTMED, 1999.

PALMER, J. A. *50 Grandes Educadores*. São Paulo: Contexto, 2005.

POLYA, G. *A Arte de Resolver Problemas: um Novo Aspecto do Método Matemático*. Rio de Janeiro: Interciência, 1995.

PONTE, C. & SIMÕES, J. A. *Comparando Resultados sobre Acessos e Usos da Internet: Brasil, Portugal e Europa. In*: TIC Kids Online Brasil 2012: Pesquisa sobre o Uso da Internet por Crianças e Adolescentes. São Paulo: Comitê Gestor da Internet no Brasil, 2013. Disponível em www.cetic.br/publicacoes/2012. Acesso em 25/8/2013.

RIBEIRO, S. M.; FREITAS, D. S.; MIRANDA, D. E. A Problemática do Ensino de Laboratório de Física na UEFS, *Revista Brasileira de Ensino de Física*, São Paulo, 1997.

RECUERO, R. *Redes Sociais na Internet*. Porto Alegre: Sulina, 2009 (Coleção Cibercultura).

ROZAL, E. F. *Modelagem Matemática e os Temas Transversais na Educação de Jovens e Adultos*. 2007. 148f. Monografia (Mestrado em Educação em Ciências e Matemáticas) – Núcleo de Apoio ao Desenvolvimento Científico, Universidade Federal do Pará, Belém.

SANCHO, J. M.; HERNÁNDEZ, F. *et als. Tecnologias para Transformar a Educação*. Porto Alegre: Artmed. 2006.

SANMARTI, N. *Avaliar para Aprender*. Porto Alegre: Artmed, 2009.

SILVA NETO, M. J. *Ensino de Física Pela Comparação Entre Experimento e Modelo Teórico com uso da Modelagem Matemática*. 2015. 132f. Tese (Doutorado em Educação em

Ciências e Matemáticas) – Instituto de Educação Matemática e Científica, Universidade Federal do Pará, Belém (PA).

SIQUEIRA, R. A. N. de. *Tendências da Educação Matemática na Formação de Professores*. 2007. Monografia. (Especialização em Educação Científica e Tecnológica) – Universidade Tecnológica Federal do Paraná – Campus Ponta Grossa, Ponta Grossa.

SIQUEIRA, E. (org.). *Tecnologias que Mudam Nossa Vida*. São Paulo: Saraiva, 2007.

SKOVSMOSE, O. *Educação Matemática Crítica*: a questão da democracia. 4ª Ed. Campinas: Papirus, 2001. (Perspectivas em Educação Matemática).

SMITH, H. W.; GODFREY, R. L.; PULSIPHER, G. L. *As 7 Leis da Aprendizagem: por que grandes líderes também são grandes professores*. Rio de Janeiro: Elsevier, 2011.

SOUZA, S. Z. L. *Revisando a Teoria da Avaliação da Aprendizagem*. *In*: Sousa, C. P. de. (org.). Avaliação do Rendimento Escolar. 2ª ed. Campinas: Papirus, 1993. (Coleção Magistério: Formação e trabalho pedagógico).

TALL, D. *Information Technology and Mathematics Education: Enthusiasms, Possibilities and Realities*. Centro de Investigación y Formación en Educación Matemática. Colleción Digital Exodus. 2009. Disponível em:

http://www.cimm.ucr.cr/ojs/index.php/eudoxus/article/viewArticle/232. Acesso em 28/3/2012.

TRUCANO, M. Alguns Desafios para os Formuladores de Políticas Educativas na Era das TIC. *In*: *TIC Educação 2010. Pesquisa sobre o Uso das TIC no Brasil*. São Paulo: Comitê Gestor da Internet no Brasil, 2013. Disponível em www.cetic.br/educacao/2010. Acesso em 25/8/2013.

TURBAN, E.; MCLEAN, E.; WETHERBE, J. *Tecnologia da Informação para Gestão: Transformando os Negócios na Economia Digital.* 3ª ed. Porto Alegre: Bookman, 2005.

VIEIRA, A. T.; COSTAS, J. M. M.; *et als. Gestão Educacional e Tecnologia.* São Paulo: Avercamp. 2003.

WERNECK, H. *Se Você Finge que Ensina, eu Finjo que Aprendo.* 26ª ed. Petrópolis: Vozes, 2009.

ZORZAN, A. S. L. *Ensino-Aprendizagem: Algumas Tendências na Educação Matemática.* In Revista de Ciências Humanas. V. 8, n. 10, p. 77-93, jun.2007.

ZYLBERSZTAJN, A. *Revolução Científica e Ciência Normal em Sala de Aula.* In: Moreira, Marco; Axt, Rolando. *Tópicos em Ensino de Ciências.* Porto Alegre: Sagra, 1991.

www.ingramcontent.com/pod-product-compliance
Lightning Source LLC
Chambersburg PA
CBHW070925210326
41520CB00021B/6815